AF558453

Dirk Dujesiefken, Petra Jaskula, Thomas Kowol, Antje Lichtenauer

Baumkontrolle

unter Berücksichtigung der

Baumart

Bildatlas der typischen Schadsymptome
und Auffälligkeiten

Haymarket Media

Die in diesem Buch enthaltenen Empfehlungen und Angaben sind von den Autoren mit größter Sorgfalt zusammengestellt und geprüft worden. Eine Garantie für die Richtigkeit der Angaben kann aber nicht gegeben werden. Autoren und Verlag übernehmen keinerlei Haftung für Schäden und Unfälle.

Kontakt zur Redaktionsleitung:
Prof. Dr. Dirk Dujesiefken
IfB Institut für Baumpflege GmbH & Co. KG
Brookkehre 60, 21029 Hamburg
Telefon: +49 40-7 24 13 10, Fax: +49 40-7 21 21 13
E-Mail: dirk.dujesiefken@institut-fuer-baumpflege.de
Internet: www.institut-fuer-baumpflege.de

Bibliographische Information der Deutschen Bibliothek
Die Deutsche Bibliothek verzeichnet diese Publikation in der Deutschen Nationalbiographie; detaillierte bibliographische Daten sind im Internet über http://dnb.dnb.de abrufbar.

Durchgesehener und aktualisierter Nachdruck 2023 der
2., überarbeiteten und erweiterten Auflage 2018

Postfach 8364, 38133 Braunschweig
Tel.: +49 531-38 00 4-0, Fax: +49 531-38 00 4-25
E-Mail: info@haymarket.de
www.baumzeitung.de; www.taspo.de

Die im Buch verwendeten Fotos stammen in der Regel von den Autoren. Bei Abbildungen aus anderen Quellen erfolgt der Fotonachweis direkt in der Bildunterschrift.

Herstellungskoordination: Anja Pieper
Satz: deckermedia GbR, Rostock
Druck: Kunst- und Werbedruck GmbH & Co KG, Bad Oeynhausen
Printed in Germany

ISBN 978-3-87815-262-0

Vorwort zur ersten Auflage

Warum noch ein Buch zur Baumkontrolle?

Die Erfahrungen bei der Pflege unserer Stadtbäume haben in den letzten Jahren gezeigt, dass Krankheiten, Schadsymptome und Auffälligkeiten je nach Baumart z. T. sehr unterschiedlich sein können. Dies ist für die Baumkontrolleure in den Kommunen ein besonderes Problem. Aus diesem Grund hatte die Behörde für Stadtentwicklung und Umwelt, Hamburg, das Institut für Baumpflege im Jahre 1997 beauftragt, die erforderlichen Kenntnisse für die Baumkontrolle systematisch nach Baumarten gegliedert zusammenzustellen. Diese baumartendifferenzierte Betrachtung hat sich in der Praxis bewährt und wurde auszugsweise in den Jahrbüchern der Baumpflege zwischen 1999 und 2005 veröffentlicht.

Nach einer Aktualisierung und Erweiterung liegt nun ein reich bebildertes Handbuch für den Baumkontrolleur vor. Es beschreibt die typischen Schadsymptome und Auffälligkeiten für die 15 häufigsten Baumarten an Straßen sowie in Parkanlagen und Gärten. Ein Handbuch in dieser Form fehlte bislang auf dem Markt.

Das vorliegende Buch ist eine Ergänzung zu den beiden bereits erschienenen, ebenfalls vom Institut für Baumpflege erarbeiteten Praxishandbüchern: Das Buch „Verkehrssicherheit und Baumkontrolle“ enthält die rechtlichen Grundlagen zur Verkehrssicherungspflicht bei Bäumen und gibt sowohl grundsätzliche als auch methodische Hilfestellungen für eine fachgerechte Baumkontrolle. Einen großen Teil nimmt hier die Checkliste zur Verkehrssicherheit mit der Beschreibung wichtiger Defektsymptome und Auffälligkeiten ein. Dieser Leitfaden unterstützt den Baumkontrolleur bei seiner Arbeit und gibt ihm eine größere Sicherheit bei der Bewertung von Schadsymptomen. Das Buch „Pilze bei der Baumkontrolle“ beschreibt die 15 häufigsten Pilze an Straßen- und Parkbäumen sowie deren Vorkommen, Aussehen, Verwechslungsmöglichkeiten, Holzabbau und Bedeutung. Dabei werden die Fruchtkörper in verschiedenen Entwicklungsstadien am Baum gezeigt. Somit haben die drei Praxishandbücher zur Baumkontrolle unterschiedliche Schwerpunkte, und zusammen enthalten sie das erforderliche Fachwissen für den Baumkontrolleur.

Als Leiter des Fachamtes für Stadtgrün und Erholung Hamburg auf der einen Seite und als Vorsitzender der Gartenamtsleiterkonferenz (GALK) auf der anderen Seite war es mir ein Anliegen, dass sich die drei Praxishandbücher und die Baumkontrollrichtlinien der FLL[1] ergänzen und den Baumkontrolleur bei seiner verantwortungsvollen Arbeit unterstützen.

Ich wünsche mir, dass mit Hilfe dieser Werke einerseits möglichst alle Bäume, die die Verkehrssicherheit gefährden, rechtzeitig erkannt werden und dass andererseits sehr auffällige jedoch verkehrssichere Bäume nicht aus Angst oder Unwissenheit der Säge zum Opfer fallen.

Hamburg, im Juni 2005

Heiner Baumgarten

[1] siehe Literaturverzeichnis ab Seite 317

Vorwort zur zweiten Auflage

Bei dem vorliegenden Buch handelt es sich um die durchgesehene und aktualisierte Auflage dieses 2005 erstmals erschienenen Praxishandbuchs. Die Überarbeitung wurde erforderlich, da zwischenzeitlich bei verschiedenen Baumarten neue Krankheiten aufgetreten sind, wie beispielsweise das Eschentriebsterben und das von der *Pseudomonas*-Rindenkrankheit ausgelöste Rosskastanien-Sterben. Zudem stehen einige neue Krankheiten quasi „vor der Tür", sodass im deutschsprachigen Raum demnächst mit neuen Schadorganismen gerechnet werden muss. Bei der Durchsicht des gesamten Buches wurden die Erfahrungen der Autoren der letzten Jahre berücksichtigt und eingearbeitet.

Durch die Überarbeitung ist dieser Bildatlas der typischen Schadsymptome und Auffälligkeiten an 15 häufigen Laubbaumarten an Straßen sowie in Gärten und Parks aktualisiert und erweitert worden. Es kann auch als Ratgeber für Baumkontrolleure und zur Vorbereitung von Prüfungen im Bereich der Baumpflege, speziell für die zum FLL-zertifizierten Baumkontrolleur, genutzt werden.

Hamburg, im März 2018

Dirk Dujesiefken
Petra Jaskula
Thomas Kowol
Antje Lichtenauer

Autoren

Die Vorarbeiten für dieses Buch begannen 1997; damals hatte das Institut für Baumpflege von der Behörde für Stadtentwicklung und Umwelt, Hamburg, den Auftrag, ein neuartiges Praxishandbuch für den kommunalen Baumkontrolleur zu erarbeiten. Aufgabe war es, die typischen Schadsymptome und Auffälligkeiten für die 15 wichtigsten Baumarten in der Stadt als Bildatlas zusammenzustellen. Die erste Auflage wurde von Prof. Dr. Dirk Dujesiefken, Dipl.-Ing. Petra Jaskula, Dipl.-Biol. Thomas Kowol und Dipl.-Ing. Antje Wohlers (heute Antje Lichtenauer, Baumbüro, Zürich) erarbeitet. Dieses Team hat nun zusammen mit Dr. Horst Stobbe und Dipl.-Holzw. Dennis Wilstermann vom Institut für Baumpflege diesen Bildatlas aktualisiert und erweitert.

Danksagung

Wir danken Prof. Dr. Olaf Schmidt (Hamburg) für die kritische Durchsicht des Manuskriptes der ersten Auflage und Dr. Horst Stobbe und Dennis Wilstermann für die Unterstützung bei der Bearbeitung der zweiten Auflage. Für die freundliche Überlassung einzelner Abbildungen danken wir Prof. Dr. Heinz Butin (Wolfenbüttel), Dipl.-Ing. Oliver Gaiser (Weinstadt), Dr. U. Holz (Frankfurt/Oder), Prof. Dr. Rolf Kehr (Göttingen), der LWF (Bayerische Landesanstalt für Wald und Forstwirtschaft, Freising), Dipl.-Ing. agr. Manfred Lehmann (Frankfurt/Oder), MSc Philipp Robeck (Göttingen), Dr. Thomas Schröder (Bonn), Dr. Horst Stobbe (Hamburg), Dr. Beat Wermelinger (Birmensdorf) und Prof. Dr. Alfred Wulf (BBA/Forst, Braunschweig).

Ein besonderer Dank gilt dem Verlag Haymarket Media, der die Veröffentlichung der zweiten Auflage dieses Buches in dieser qualitativ hochwertigen Ausstattung ermöglicht hat. Danken möchten wir insbesondere Frau Anja Pieper für die konstruktive Zusammenarbeit sowie die redaktionelle Bearbeitung dieser aktualisierten Auflage.

Inhalt

Einführung und Hinweise zur Nutzung dieses Buches

Aus Gründen der Verkehrssicherheit ist eine regelmäßige Kontrolle von Straßen- und Parkbäumen erforderlich, um rechtzeitig Sicherungsmaßnahmen durchzuführen und damit Schadensfälle zu verhindern. Die Grundlagen zur Verkehrsicherungspflicht von Bäumen und zur Baumkontrolle sind in dem Buch „Verkehrssicherheit und Baumkontrolle“[2] detailliert dargestellt. Die für die Baumkontrolle wichtigsten Pilzarten an Straßen- und Parkbäumen sind in dem Buch „Pilze bei der Baumkontrolle“[3] ausführlich beschrieben.

Ergänzend hierzu enthält das vorliegende Buch die typischen Krankheiten, Schaderreger und Symptome, die verstärkt oder sogar ausschließlich an einer Baumart bzw. -gattung auftreten. Zudem werden auch die „allgemeinen“ Schadsymptome beschrieben, die je nach Art bzw. Gattung eines Gehölzes eine spezielle Ausprägung haben, so dass sie sicher von ähnlichen Symptomen an anderen Baumarten unterschieden werden können.

Kernstück dieses Buches sind die typischen Schadsymptome und Auffälligkeiten an 15 häufig verwendeten Baumarten. Die Kennzeichen einer Erkrankung bzw. Schädigung werden entsprechend ihres Auftretens am Baum von oben nach unten gegliedert:

- an Blättern und Trieben,
- an Ästen und am Stamm,
- am Stammfuß und an Wurzeln.

Die beschriebenen Schadsymptome und Auffälligkeiten wurden ausgewählt aufgrund der Häufigkeit ihres Vorkommens bei Baumkontrollen und -untersuchungen, die im gesamten Bundesgebiet durch das Institut für Baumpflege durchgeführt wurden. Berücksichtigt wurden auch die Erfahrungen von Kollegen aus Deutschland und anderen europäischen Ländern so-

---

[2] Institut für Baumpflege (Hrsg.), 2022: Verkehrssicherheit und Baumkontrolle. Der Praxisleitfaden zu den FLL-Baumkontrollrichtlinien. Haymarket Media, Braunschweig, 200 S.

[3] Lichtenauer, A.; Kowol, T.; Dujesiefken, D., 2022: Pilze bei der Baumkontrolle. Erkennen wichtiger Arten an Straßen- und Parkbäumen. Nachdruck der 4., durchgesehenen und aktualisierten Auflage, Haymarket Media, Braunschweig, 64 S.

wie Veröffentlichungen zur Baumkontrolle und Baumuntersuchung. Eine Auswahl der einschlägigen Fachliteratur ist am Ende des Buches im Literaturverzeichnis aufgeführt.

Dieses kompakte Praxishandbuch kann einerseits wie ein Fachbuch „von vorne nach hinten“ gelesen werden; andererseits eignet es sich durch seine Struktur vor allem als Nachschlagewerk für den Baumkontrolleur vor Ort. Die Gliederung nach Baumart und Ort des Auftretens der Schadsymptome und Auffälligkeiten ermöglicht ein schnelles Auffinden der benötigten Informationen. Die Schadensdiagnose wird erleichtert durch die zahlreichen Farbabbildungen, die auf die prägnanten Erscheinungsformen aufmerksam machen. Das Inhaltsverzeichnis auf der Rückseite des Buches und die Übersichten zu Beginn jeder Baumart helfen dabei zusätzlich. Um Wiederholungen bei der Beschreibung ähnlicher Symptome zu vermeiden, wurden Verweise zu anderen Baumarten eingebaut, die – wie bei Nachschlagewerken üblich – jeweils durch einen Pfeil (→) gekennzeichnet sind.

Für jede Baumart finden sich zu Beginn eines jeden Kapitels Informationen zur Verbreitung und Verwendung sowie zur Baumbiologie. Anschließend werden die Schadsymptome und Auffälligkeiten in Hinblick auf die Baumkontrolle beschrieben und stets in Farbabbildungen dargestellt. Dabei wird unterschieden zwischen Anzeichen, die auf eine mangelnde Stand- und/oder Bruchsicherheit hindeuten, und Symptomen, die zwar auffällig sind, aber keine Beeinträchtigung der Verkehrssicherheit zur Folge haben. Dies gilt in den meisten Fällen für die beschriebenen Schäden an Blättern und Trieben sowie für manche Auffälligkeiten, wie z. B. Beulen und Wülste am Stamm. Ergibt sich ein Handlungsbedarf aus Gründen der Verkehrssicherheit, kann dies zunächst in eine Baumuntersuchung oder sofort in eine baumpflegerische Maßnahme münden. Die Durchführung von Baumkontrollen und Baumuntersuchungen sowie die Festlegung der erforderlichen Maßnahmen sind im Buch „Verkehrssicherheit und Baumkontrolle“ eingehend beschrieben.

1. Ahorn (*Acer*)

Seite

Schadsymptome und Auffälligkeiten

an Blättern und Trieben:

an Ästen und am Stamm:

am Stammfuß und an Wurzeln:

Verbreitung und Verwendung

Die aus ca. 200, überwiegend sommergrünen Arten bestehende Gattung *Acer* ist vor allem in der nördlichen gemäßigten Zone verbreitet. Das Areal reicht von Europa (lediglich fünf Arten) über (Südost-) Asien bis nach Nord-Amerika und Nord-Afrika. Die Gattung ist sehr vielgestaltig und umfasst sowohl Baum- als auch Straucharten, die aufgrund ihrer unterschiedlichen Wuchs- und Blattformen, der verschiedenen Blattfarben mit zumeist ausgeprägten Herbstfärbungen, der interessanten Rindenbilder sowie der Anpassungsfähigkeit an den Standort vielseitige Verwendung finden. Ahorn-Arten werden als Straßen-, Park- und Gartengehölze geschätzt, finden aber auch als Windschutz und Hangbefestigungen Verwendung.

Im Straßen- und Parkbereich werden vor allem Feld-Ahorn (*A. campestre*), Spitz-Ahorn (*A. platanoides*), Berg-Ahorn (*A. pseudoplatanus*) und Silber-Ahorn (*A. saccharinum*) sowie deren zahlreiche Sorten gepflanzt. In engeren Wohnstraßen und Fußgängerzonen findet häufig der Kugel-Ahorn (*A. platanoides* 'Globosum') Verwendung, da es sich um einen kleinkronigen Baum handelt. Nicht beachtet wird dabei, dass die Sorte im Alter einen Kronendurchmesser von 5–6 m erreicht. In Verbindung mit dem niedrigen Kronenansatz schafft dies bei einem geringen Abstand zur Fahrbahn unweigerlich Probleme mit dem Lichtraumprofil, welches an Straßen eine Höhe von 4,50 m, an Geh- und Radwegen von 2,50 m betragen sollte. Aus diesem Grund werden Schnittmaßnahmen erforderlich, da es anderenfalls durch Fahrzeuge zum Abreißen von Ästen kommt. Weil durch den Schnitt aber das Besondere der Sorte – die gleichmäßige Kugelform – verloren geht, sollte auf die Verwendung des Kugel-Ahorns in Fahrbahnnähe sowie in Fußgängerzonen (Problem: Lieferverkehr) verzichtet werden.

Ahorn-Bäume stellen an den Standort nur geringe Ansprüche. Sie vertragen sowohl sonnige als auch schattige Standorte. Sie bevorzugen frische bis feuchte und tiefgründige Böden und können fast alle Bodenarten tolerieren. Auf Standortveränderungen – z. B. Bodenverdichtungen, Veränderungen des Grundwasserspiegels – reagiert Ahorn oftmals mit einer zunehmenden Verlichtung und nachfolgend mit dem Absterben der Krone. Eine Regeneration durch Sekundärtriebe findet – im Gegensatz z. B. zur Eiche – i. d. R. nicht statt.

Baumbiologie

Aufgrund der unterschiedlichen Wuchseigenschaften variiert die Lebenserwartung der einzelnen Ahorn-Arten erheblich. So können z. B. Feld- und Spitz-Ahorn ca. 150 Jahre alt werden, Berg-Ahorn dagegen bis etwa 400 Jahre.

Berg-, Feld-, Spitz- und Silber-Ahorn haben ein hartes, weißes bis gelblichweißes Holz ohne Ausbildung echten Kernholzes. Gelegentlich kommt in älteren Stämmen eine unregelmäßige bräunliche Verfärbung vor. Hierbei handelt es sich um einen sog. Falschkern, der im Gegensatz zum echten Kernholz (→ Eiche, S. 88) keine erhöhte natürliche Resistenz aufweist und dessen Bildung auch nicht genetisch bedingt ist, sondern durch bestimmte Umwelteinflüsse bzw. Ereignisse ausgelöst wird. Ursache können z. B. Astabbrüche in der Krone sein, durch die es zu einem Lufteintritt im Stamminnern kommt.

Das Ahornholz ist sehr feinporig, so dass die Gefäße mit bloßem Auge nicht erkennbar sind. Die Gefäße sind zerstreut angeordnet, d. h. sie sind mehr oder weniger gleichmäßig über den Jahrring verteilt. Während die Jahrringgrenzen nur schwach erkennbar sind, treten die Holzstrahlen deutlich hervor.

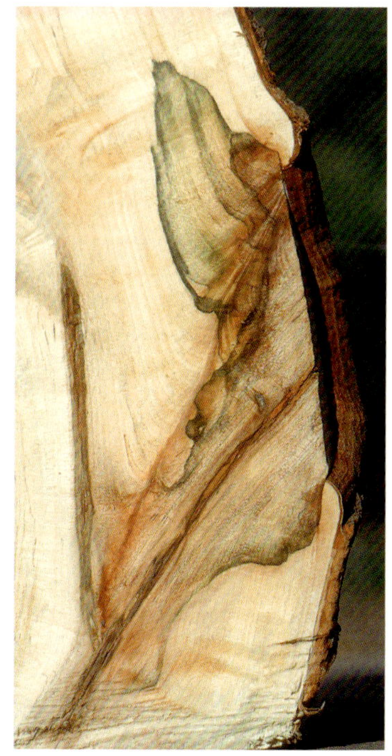

Abb. 1: Wundreaktion an einer Astungswunde bei Spitz-Ahorn

Hinsichtlich der Abschottung von Verletzungen muss die Gattung Ahorn differenziert betrachtet werden: So gibt es effektiv abschottende Arten (z. B. Berg- und Feld-Ahorn), aber auch deutlich schwächer reagierende, wie z. B. Silber-Ahorn. Eine Besonderheit an Ahorn stellt die Abschottungsgrenze im Holzkörper dar, die grünlich gefärbt ist (Abb. 1).

Typischerweise zeigt der Ahorn nach Verletzungen oder Astentnahmen im Spätwinter bzw. kurz vor Beginn der Vegetationsperiode für mehrere Tage bis Wochen einen Saftaustritt aus der Wunde, das sog. „Bluten". Die austretenden Flüssigkeitsmengen können in den ersten Tagen durchaus mehrere Liter erreichen, so dass der Eindruck des „Verblutens" entstehen kann. Holzbiologische Untersuchungen haben ergeben, dass derartige Wunden ebenso gut, z. T. sogar besser abgeschottet werden als Verletzungen aus anderen Jahreszeiten. Der Baum „läuft nicht leer", denn er verschließt die Gefäße meist innerhalb weniger Tage vollständig. Es handelt sich somit nicht um ein Phänomen, das zum Absterben der Bäume führt, sondern nur um ein ästhetisches bzw. emotionales Problem.

Schadsymptome und Auffälligkeiten an Blättern und Trieben

Blattschäden durch Echte Mehltaupilze

(*Uncinula* sp.; *Phyllactinia* sp.)

Vor allem an Feld- und Spitz-Ahorn zeigen sich etwa ab Juni auf den Oberseiten und/oder Unterseiten der Blätter gelbliche Flecken, in deren Bereich es nachfolgend

Abb. 2: Weißlicher Belag durch Echte Mehltaupilze an Spitz-Ahorn

Abb. 3: Verwechslungsmöglichkeit mit Mehltau: Helle Sprenkelung durch Saugschäden von Zikaden

zur Ausbildung eines weißlichen, pelzigen Belages kommt. Bei diesem abwischbaren Belag handelt es sich um das Myzel der Pilze, das im Laufe des Sommers die gesamte Blattspreite überziehen kann (Abb. 2); auch Blattdeformationen können auftreten. Zunächst werden junge Blätter befallen, später ist häufig die gesamte Krone betroffen. I. d. R. erfolgt nur eine optische Beeinträchtigung, jedoch keine Auswirkung auf die Vitalität; lediglich an Jungbäumen kann es zu Wachstumshemmungen kommen. Das Schadbild kann mit einem an Ahorn häufig auftretenden Zikadenbefall verwechselt werden, durch den eine weißliche Sprenkelung auf der Blattoberseite entsteht, die jedoch nicht abwischbar ist (Abb. 3).

Blattflecken durch Teerfleckenkrankheit
(*Rhytisma acerinum*)

Durch die Infektion mit dem pilzlichen Erreger treten blattoberseits etwa ab Juni gelbliche, wenige Millimeter große Punkte auf, die sich im Laufe des Sommers zu schwärzlichen, glänzenden, 1–2 cm großen Flecken entwickeln. Sie sind stets von einem gelben Rand umgeben (Abb. 4 und 5). Bei einem starken Befall können die Flecken die gesamte Blattspreite überziehen und auch ineinander laufen, so dass größere schwarze Bereiche entstehen. Blattunterseits sind die Flecken graubraun. Stark befallene Blätter werden meist vorzeitig abgeworfen. Der pilzliche Erreger kommt in mehreren physiologischen Rassen vor, die jeweils nur bestimmte Ahorn-Arten infizieren können, weshalb direkt neben Bäumen mit umfangreichen Blattschäden auch völlig befallsfreie Exemplare stehen können. Die Infektion beginnt im Frühjahr, wenn die Sporen des Pilzes auf die Oberfläche junger Blätter gelangen und dort keimen. Die Hyphen breiten sich danach im Blattgewebe aus und entwickeln unter der Epidermis ein dichtes, hartes Hyphengeflecht (Sklerotien), welches die o. g. schwarzen Flecken bewirkt. Die Hauptfruchtform des Pilzes mit den sexuell entstandenen Sporen wird im darauffolgenden Frühjahr im Falllaub reif. In diesem Stadium erhalten die Flecken ein runzeliges Aussehen (daher auch die zweite dt. Bezeichnung „Ahornrunzelschorf"). Trotz z. T. umfangreicher Blattsymptome und einer starken optischen Beeinträchtigung sind Pflanzenschutzmaßnahmen i. d. R.

Abb. 4: Schadbild der Teerfleckenkrankheit an Berg-Ahorn

Abb. 5: Die Flecken sind typischerweise von einem gelben Rand umgeben

nicht erforderlich, da die Schäden die Vitalität nicht beeinträchtigen. Zur Verminderung des Befallsdrucks ist die Entfernung des Falllaubs sinnvoll.

Blattrandnekrosen durch Auftausalze und Trockenheit

An den Blättern treten ab dem späten Frühjahr zunächst gelbliche Ränder auf, die später verbräunen (→ Linde, S. 162). Sie beginnen an den Blattspitzen und breiten sich unregelmäßig am Blattrand aus (Abb. 6). Ahorn gilt als sehr salzempfindlich. Im Gegensatz zu anderen Baumarten zeigt sich hier zwischen den verbräunten Rändern und dem gesunden, grünen Blattgewebe keine gelbliche Zone. Ein solches Schadbild kann auch durch Trockenheit oder durch die Kombination von Auftausalzen und Trockenheit entstehen, weshalb bei der Beurteilung auch der Standort bzw. die Bodenverhältnisse berücksichtigt werden müssen. Ähnliche Schadbilder werden durch Kaliummangel und Immissionen verursacht.

Abb. 6: Typische Blattrandnekrosen, die an Ahorn sowohl durch Trockenheit als auch durch eine Streusalzbelastung (oder beides) entstehen können

Verticillium-Welke

(*Verticillium dahliae*; *V. albo-atrum*)

Durch diese gefäßparasitäre Krankheit zeigen einzelne Kronenteile im Laufe der Vegetationsperiode, vor allem bei trocken-warmer Witterung, eine plötzliche Gelbfärbung und/oder Welke; es können auch ganze Äste oder die gesamte Krone absterben (Abb. 7; → Rosskastanie, S. 269). Anfällig sind vor allem Silber-Ahorn sowie die asiatischen Formen.

Abb. 7: Plötzlich einsetzendes Welken und Absterben eines Silber-Ahorns durch die *Verticillium*-Welke

Schadsymptome und Auffälligkeiten an Ästen und am Stamm

Rotpustelkrankheit
(*Nectria cinnabarina*)

Durch diese Pilzerkrankung treten bereits ab Frühjahr an jungen Trieben welke und anschließend vertrocknende Blätter auf. Ursächlich hierfür ist eine am Triebansatz befindliche Rindennekrose, die meist von Aststummeln oder auch Schnittwunden ausgeht. Beim Anschneiden des betroffenen Triebes ist häufig eine grünliche bis bräunliche Holzverfärbung erkennbar.

In den Wintermonaten erscheinen auf den abgestorbenen Rindenbereichen die stecknadelkopfgroßen, wachsartigen Fruchtkörper der Nebenfruchtform, die bei feuchtem Wetter zinnoberrot, bei trockener Witterung blassrot sind (Abb. 8). Die ebenfalls rot gefärbten, etwas kleineren Fruchtkörper der Hauptfruchtform erscheinen vorwiegend im Frühjahr an gleicher Stelle. Der Pilz tritt gewöhnlich an absterbenden Ästen oder an Aststummeln auf, kann an geschwächten Bäumen aber auch lebendes Gewebe angreifen und zum Absterben bringen.

Durch die Erkrankung kann die Vitalität beeinträchtigt werden, nicht aber die Verkehrssicherheit. Zur Vorbeugung sollte, insbesondere bei frisch gepflanzten Bäumen, auf eine ausgewogene Wasser- und Nährstoffversorgung sowie auf eine korrekte Schnittführung bei Schnittmaßnahmen geachtet werden.

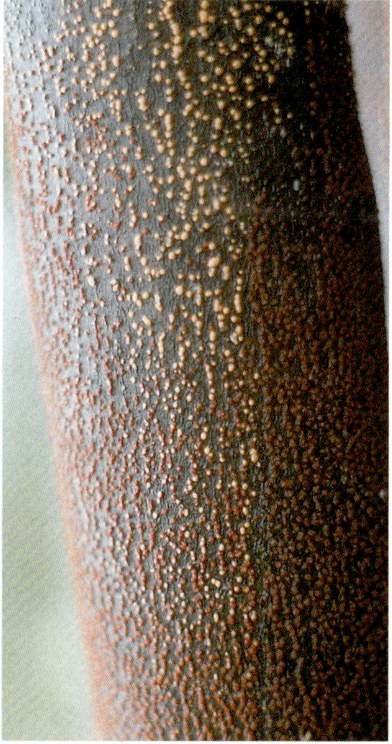

Abb. 8: Fruchtkörper der Rotpustelkrankheit an einem Ast

Grünastabbrüche/ Windbruchschäden

Speziell an Silber-Ahorn kann es zum Abbruch einzelner, lebender Äste kommen, und zwar vor allem im belaubten Zustand (Abb. 9). Hierbei kann es sich sowohl um Grünastabbrüche als auch um Windbruchschäden handeln (→ Pappel, S. 209).

Wollige Napfschildlaus

(*Pulvinaria regalis*)

An Ästen der unteren Krone sowie am Stamm treten zahlreiche weiße Flecken auf, bei denen es sich um die Eisäcke der Schildläuse handelt (Abb. 10 und 11; → Linde, S. 168).

Abb. 9: Typischer Grünastabbruch an Silber-Ahorn

Abb. 10: Befall mit Wolliger Napfschildlaus an Spitz-Ahorn

Abb. 11: Weibchen der Wolligen Napfschildlaus mit großem weißen Eisack

Unglücksbalken

Insbesondere Spitz-Ahorn weist oftmals stark gebogene Äste in der unteren Krone auf (Abb. 12; → Esche, S. 122). Dabei ist die Krümmung dieses so genannten Unglücksbalkens – im Gegensatz zu anderen Baumarten – häufig stammnah ausgebildet.

Abb. 12: Typische Unglücksbalken an Spitz-Ahorn; die Krümmung ist sehr stammnah ausgebildet

Vergabelungen mit eingewachsener Rinde/Zwiesel

An Ahorn-Bäumen sind häufig V-förmige Vergabelungen mit eingewachsener Rinde vorhanden (Abb. 13–15; → Buche, S. 66). Auch können sich in den Vergabelungen flächige, abgestorbene Rindenpartien zeigen, die möglicherweise auf eine mangelnde Versorgung der Rinde zurückzuführen sind (Abb. 16). Ob sich hinter diesen Bereichen eine Fäule befindet, kann häufig schon durch den Einsatz einer Hippe geklärt

Abb. 13: Druckzwiesel mit eingewachsener Rinde

Abb. 14: Der Baum aus Abb. 13 zeigt an den Seiten der Vergabelung eine „ohrenartige" Verdickung infolge auftretender Spannungen in diesem Bereich – ein typisches Anzeichen für eingewachsene Rinde

werden. Bei Anzeichen einer umfangreicheren Schädigung sind weitergehende Baumuntersuchungen erforderlich.

Austernseitling

(*Pleurotus ostreatus*)

Die einjährigen Fruchtkörper treten in der Zeit von Oktober bis Januar am Stamm und an stärkeren Ästen auf, nicht aber in jedem Jahr. Sie erscheinen meist in mehr

Abb. 15: Eine eingerissene Vergabelung – hier besteht dringender Handlungsbedarf

Abb. 16: Abgestorbene Rinde im Bereich einer Vergabelung bei einem Berg-Ahorn

Abb. 17: Fruchtkörper vom Austernseitling

oder weniger großen Büscheln (Abb. 17). Es handelt sich um nieren- bis muschelförmige Hüte, die meist bis 15 cm breit werden. Die glatte Oberseite kann sehr unterschiedlich gefärbt sein: von beige über schiefergrau bis olivbraun. Auf der Unterseite befinden sich weißliche Lamellen, die an dem kurzen, seitlich ansetzenden Stiel herablaufen (Abb. 18). Der Hutrand ist je nach Entwicklungsstadium mehr oder weniger nach unten eingerollt. Der Pilz ist ein Wund- und Schwächeparasit, der über Astungs- und Stammwunden in den Baum eindringt und eine Weißfäule verursacht. Durch den Holzabbau kann die Bruchsicherheit des befallenen Baumes eingeschränkt sein, weshalb hier Handlungsbedarf besteht (z. B. Baumuntersuchung).

Abb. 18: Die Unterseite des Fruchtkörpers mit den typischen Lamellen

Schuppiger Porling
(*Polyporus squamosus*)

Die einjährigen Fruchtkörper werden vom Frühjahr bis zum Sommer gebildet, und zwar meist am Stamm im Bereich größerer Wunden. Sie können einzeln oder auch dachziegelartig übereinander auftreten, erscheinen aber nicht in jedem Jahr. Es sind nieren- bis halbkreisförmige Hüte, die bis ca. 60 cm breit werden können. Die glatte, blassgelbe Oberseite weist bräunliche, konzentrisch angeordnete Schuppen auf (Abb. 19). Die großporige Unterseite ist cremefarben; sie geht in den seitlich ansetzenden, bis 10 cm langen und an der Basis schwärzlich berindeten Stiel über (Abb. 20). Der Pilz verursacht eine Weißfäule, die zu einer Beeinträchtigung der Bruch-

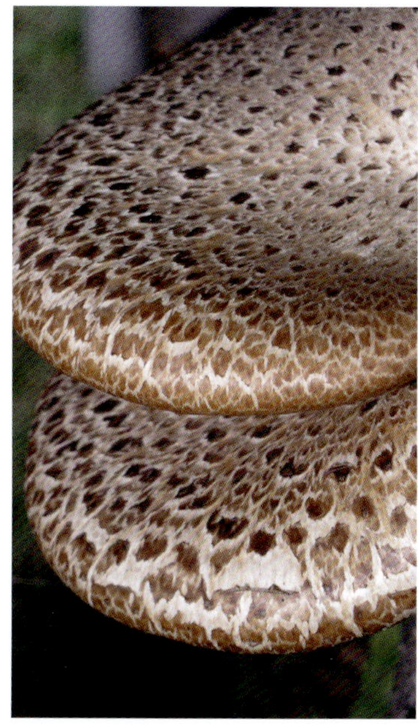

Abb. 19: Die Oberseite des Schuppigen Porlings

Abb. 20: Die Unterseite des Schuppigen Porlings

sicherheit führen kann, weshalb Handlungsbedarf besteht (z. B. Baumuntersuchung).

Heller Ausfluss

Ahorn zeigt im Bereich von Wunden oder Stammrissen häufig einen hellen Ausfluss (Abb. 21). Die Ursache dieses Phänomens, welches nicht mit dem im Frühjahr an frischen Wunden auftretenden „Bluten" (S. 14) verwechselt werden darf, ist noch nicht geklärt. Derartig nässende Verletzungen werden oftmals kritischer eingeschätzt als „trockene" Wunden. Der Ausfluss an sich stellt jedoch kein Indiz für einen umfangreicheren Schaden dar, sondern macht die Verletzung nur auffälliger. An nässenden Wunden oder Rissen ist daher, wenn ein Verdacht auf einen gravierenderen Schaden besteht, ebenso eine Baumuntersuchung erforderlich wie an nicht nässenden Wunden.

Abb. 21: Alte Astungswunde mit hellem Ausfluss an Berg-Ahorn

Drehwuchs

Insbesondere Spitz-Ahorn zeigt oftmals eine Drehung des Stammes (Abb. 22; → Rosskastanie, S. 281).

Risse in Stämmen und Ästen

An Ahorn zeigen sich oftmals in Längsrichtung verlaufende Risse im Stamm (→ Esche, S. 131), wobei es für die Gattung typisch ist, dass aus den Rissen ein → heller Ausfluss (S. 26) austritt (Abb. 23–24). Durch wiederholtes Aufreißen und Überwallen des Ris-

Abb. 22: Typischer Drehwuchs an Spitz-Ahorn

Abb. 23: Stammriss mit hellem Ausfluss

ses kommt es häufig zu einer Rippenbildung (Abb. 25). Im Gegensatz zu anderen Baumarten treten Stammrisse an Ahorn häufig schon an jüngeren Bäumen auf, die offensichtlich noch keine Vorschäden haben. Ein auf den ersten Blick ähnliches Defektsymptom erzeugen → Sonnennekrosen (S. 29). Zusätzlich zu den Stammrissen treten an Ahorn auch Risse in Ästen auf (Abb. 26). Im Gegensatz zum → Unglücksbalken (S. 21) weisen diese Äste keine Krümmung auf. Die Bruchsicherheit kann jedoch in gleicher Weise beeinträchtigt sein.

Abb. 25: Durch mehrfaches Aufreißen und Überwallen eines Risses kann eine Rippe entstehen

Abb. 24: Stammriss ohne Ausfluss

Abb. 26: Starkast mit Rissbildung

Sonnennekrosen (Rindenschäden)

An jüngeren Bäumen können sich auf der Süd- und Südwestseite des Stammes längliche Rindenaufplatzungen zeigen. Der Schaden beginnt mit Nekrosen im Bastgewebe, die erst nach ein bis drei Jahren infolge der Rissbildung in der Borke erkennbar werden (Abb. 27). Im Laufe der Zeit kommt es zum streifenförmigen Ablösen der abgestorbenen Rindenpartien (Abb. 28), wobei die Breite des Schadens im Stammfußbereich häufig größer ist als weiter oberhalb. Der Holzkörper zeigt zunächst keine Risse, doch kann der hinter dem Schaden liegende Bereich mehr oder weniger große Verfärbungen mit nachfolgendem Pilzbefall aufweisen (Abb. 29).

Abb. 27: Die Sonnennekrose ist zunächst noch von der abgestorbenen, aufgerissenen Rinde überdeckt

Abb. 28: Sonnennekrosen aus mehreren Jahren mit teilweise abgestorbenen Überwallungswülsten

Abb. 29: Typisch für Ahorn sind weiträumige Verfärbungen mit nachfolgendem Pilzbefall im Bereich der Sonnennekrosen

Auslöser dieser Schäden sind zumeist starke Temperaturschwankungen im Spätwinter, wenn z. B. nach einer intensiven Besonnung und damit Erwärmung der Südwestseite des Stammes in der folgenden Nacht Frost einsetzt. Bei geschädigten Bäumen kann es zum Absterben einzelner Kronenteile kommen. Sind weite Teile des Stammquerschnitts betroffen, ist auch ein Stammbruch möglich (Abb. 30). Bei Ahorn besteht die Besonderheit, dass ähnlich aussehende Rindenschäden auch auf der Nord- und Ostseite des Stammes vorkommen können. Da es an Ahorn meist zu umfangreichen Schäden im Holzkörper kommt, verbleibt oftmals nur die Fällung.

Abb. 30: Stammbruch durch weitreichenden Pilzbefall an Sonnennekrose

Sonnennekrosen können z. B. durch Schilfrohrmatten verhindert werden, wenn diese sofort nach der Pflanzung am Baum angebracht werden. Wenn bereits Schäden vorliegen, kann der Umfang durch eine Baumuntersuchung, z. B. mit einem Wund-Untersuchungsbohrer, festgestellt und beurteilt werden, ob ein Erhalt noch möglich ist.

Schwarze Leckstellen

Vor allem im unteren Bereich des Stammes können sich schwarze Leckstellen auf der Borke zeigen (Abb. 31–33). Diese dunklen Schleimflussflecken sind normalerweise unspezifischer Natur und deuten allgemein auf Rinden- und Kambiumschäden hin. Die Ursache liegt häufig im Wurzelbereich.

Abb. 31: Schwarze Leckstellen am unteren Stamm eines Silber-Ahorns

Abb. 32: Längliche Leckstellen am Stamm eines Spitz-Ahorns

So können derartige Flecken z. B. nach einem Wurzelverlust infolge von Bautätigkeiten oder durch einen Befall mit dem Brandkrustenpilz (S. 39) auftreten.

Durch eine Untersuchung der Flecken und des dahinter liegenden Holzkörpers kann der Umfang der Schäden ermittelt werden. Hierzu reicht häufig schon der Einsatz einer Hippe, mit der die Rinde im Bereich der Flecken entfernt wird. Bei einem Wassermangel, auch infolge von kürzlich eingetretenen Wurzelverletzungen, ist normalerweise nur die Rinde verfärbt, das dahinter liegende Holz aber noch intakt. Bei einem Befall z. B. durch den Brandkrustenpilz ist der Holzkörper hinter den Flecken i. d. R. bereits angegriffen bzw. es können meist auch abgestorbene Partien an oder zwischen den Wurzelanläufen festgestellt werden.

Wenn der Holzkörper noch intakt ist und die schwarzen Leckstellen lediglich auf kleinräumige Rinden- bzw. Kambialschäden zurückzuführen sind, ist das alleinige Auftreten der Flecken kein Indiz für einen verkehrssicherheitsgefährdenden Schaden. Bei Verdacht auf umfangreichere, mechanisch bedingte Wurzelverluste oder einen Pilzbefall besteht jedoch Handlungsbedarf. Durch eine Baumuntersuchung kann festgestellt werden, ob die Verkehrssicherheit noch gegeben ist.

Abb. 33: Die dunklen Leckstellen können manchmal relativ unscheinbar sein

Aufplatzen der Rinde und absterbende Krone durch die Rußrindenkrankheit

Bei dieser Erkrankung kommt es zu starken Vitalitätsproblemen mit anschließendem Absterben an Berg-Ahorn, selten an Silber- und Spitz-Ahorn. Zunächst fällt an den Bäumen eine Welke auf, dann ein starker Blattverlust sowie eine verstärkte Totholzbildung und am Stamm ein verändertes Rindenbild. Nach Ausbruch der Krankheit kann der Tod des Baumes innerhalb einer Vegetationsperiode eintreten. Spätestens dann reißt die Rinde großflächig auf und es kommen ausgedehnte schwarze Flächen zum Vorschein, die große Mengen an trockenen, fast schwarzen Sporen freisetzen (Abb. 34). Die nähere Umgebung wird dadurch ebenfalls dunkel eingestäubt (Abb. 35). Bemerkenswert ist, dass die hydrophoben (wasserabweisenden) Pilzsporen auch bei feuchter Witterung ihren rußartigen, trockenen Charakter behalten. Verursacher der Rußrindenkrankheit ist der Pilz *Cryptostroma corticale*. In England kam es ins-

Abb. 34: Die Rinde vollständig abgestorbener Bäume verfärbt sich durch den Sporenstaub schwarz (Foto: Philipp Robeck)

Abb. 35: Die nähere Umgebung wird durch den Sporenstaub ebenfalls dunkel eingestäubt (Foto: Philipp Robeck)

besondere nach lang andauernden Trockenperioden während heißer Sommer zu großen Schäden an Berg-Ahorn. Es ist offensichtlich, dass dieser pilzliche Erreger insbesondere durch Trockenstress vorgeschädigte Bäume befällt und zum Absterben bringt. Bei einer weiteren Erwärmung durch den Klimawandel wird sich der Pilz möglicherweise ausbreiten und häufiger vorkommen. Es können aber auch anderweitig vorgeschädigte Bäume befallen werden.

Im Stammquerschnitt befallener Bäume zeigen sich großflächige Verfärbungen; das Holz wird rasch durch eine Weißfäule zersetzt. Der Erreger ist möglicherweise selbst am Holzabbau beteiligt, aber auch Sekundärbesiedler können zur Minderung der Bruchsicherheit beitragen. Daher ist aus Gründen der Verkehrssicherheit die rasche Fällung abgestorbener Bäume erforderlich.

Bei Kontakt mit Bäumen, die mit der Rußrindenkrankheit befallen sind, kann es zu gesundheitlichen Problemen für den Menschen kommen. Die Sporen des Pilzes haben ein hohes allergenes Potenzial und bedeuten daher eine Gefahr sowohl für Baumkontrolleure und Baumpfleger als auch für die Nutzer öffentlicher Grünflächen. Das Einatmen des Sporenstaubs führt zu einer Entzündung der Lungenbläschen, die erst nach einiger Zeit wieder abheilt. Die Symptome dieser „exogen-allergischen Alveolitis" treten meist erst nach 6–8 Stunden auf und halten mehrere Stunden, selten Tage oder Wochen an. Typische Symptome sind Reizhusten, Fieber, Abgeschlagenheit, Atemstörung, aber auch Schüttelfrost, Neigung zum Schwitzen und Kopfschmerzen können auftreten. Wiederholter Kontakt mit Sporenstaub kann zur Einschränkung der Lungenfunktion führen („Farmer-Lunge").

Bei der Fällung erkrankter Bäume muss daher aus Gründen des Arbeitsschutzes weiträumig abgesperrt werden. Maschinelle Verfahren und feuchte Witterung sind bei den Entsorgungsarbeiten zu bevorzugen, wobei man das Holz abgedeckt abtransportieren und an anderer Stelle häckseln bzw. verbrennen sollte. Der wasserabweisende Charakter der Sporen bleibt jedoch bei jeder Witterung erhalten, so dass ein Atemschutz (Vollmaske mit Partikelfilter P 3) bei allen Arbeiten mit kontaminiertem Holz obligatorisch ist. Aufgrund des allergenen Potenzials der Sporen sollte von der Lagerung zerkleinerten Materials sowie von der Verwendung als Brennholz abgesehen werden. Die befallenen Baumteile sollten unverzüglich einer geregelten Heißkompostierung oder einer sofortigen Verbrennung zugeführt werden. Bei Verdachtsfällen sollte eine exakte Bestimmung des Erregers erfolgen (z. B. durch die Pflanzenschutzstelle), da die Fällungs- und Entsorgungsarbeiten bei Vorliegen der Rußrindenkrankheit aufgrund des gesundheitsschädigenden Potenzials der Sporen sehr aufwendig sind.

Asiatischer Laubholzbockkäfer (ALB)

(*Anoplophora glabripennis*)

Ein Befall des ALB wird meist erst nach dem Ausschlüpfen der Käfer entdeckt, da diese markante, ca. 10 mm große, kreisrunde Ausfluglöcher hinterlassen. Bevorzugt werden neben Ahorn-Bäumen auch Rosskastanie, Weide, Pappel und Obstgehölze. Die Löcher zeigen sich meist vom mittleren Stammbereich bis in die Krone. Weiterhin können am Baum oder in der Umgebung sitzende Käfer auffallen: Sie sind glänzend schwarz gefärbt mit einem weißen Fleckenmuster (Abb. 36). Die Käfer sind 25 bis 35 mm lang und weisen auffallende, bis 80 mm lange Fühler auf. Die adulten Käfer schlüpfen im Zeitraum von Mai bis August und leben etwa einen Monat. Sie gelten als flugfaul, da sie nur etwa 100 m weit fliegen. Dementsprechend werden meist Bäume in der direkten Umgebung des Schlupfes befallen. Die Käfer verursachen Fraßschäden an Blättern, Blattstielen und jungen Trieben (Rindenschäden). Schwerwiegend sind die Schäden durch die Larven: Sie entwickeln sich aus den von den Weibchen in der Rinde abgelegten Eiern (ca. 30 Stück pro

Abb. 36: Der Asiatische Laubholzbockkäfer mit seinen langen Fühlern und hellen Punkten auf den Flügeldecken (Foto: Bayrische Landesanstalt für Wald und Forstwirtschaft, Freising)

Weibchen) und dringen erst in den Bast, später in den Holzkörper ein, wo sie jeweils umfangreiche Fraßschäden verursachen. Die Larven sind cremefarben und werden bis 5 cm lang; sie verpuppen sich im Holz. Die Entwicklung dauert in unseren Breiten rund zwei Jahre. Die Eiablagestellen sind als helle, trichterförmige Vertiefungen erkennbar (Abb. 37).

Durch den Befall von mehreren Käfergenerationen können die Fraßschäden sowohl eine mechanische Schwächung von Ästen bewirken als auch zum Absterben einzelner Astpartien bis hin zum Absterben des gesamten Baumes führen. Über einen längeren Zeitraum befallene Bäume sind stark geschwächt, so dass sie anfällig für sekundäre Pathogene werden. Jungbäume können bereits durch einmaligen Befall absterben.

Abb. 37: Eiablagestellen vom ALB

Eingeschleppt wird dieser aus Asien stammende Käfer vor allem mit Verpackungsholz (z. B. für Granitsteine). Der Käfer ist meldepflichtig (Quarantäneschädling). Deshalb kommt einer strengen Einfuhrkontrolle von Verpackungs- und Pflanzenmaterial eine hohe Bedeutung zu. Befallene Bäume können durch eine eingehende Sichtkontrolle speziell ausgebildeter Personen sowie mittels speziell ausgebildeter Spürhunde ermittelt werden. Bei einem Verdachtsfall sind die örtlichen Pflanzenschutzdienste zu kontaktieren, um die ggf. notwendigen Bekämpfungsmaßnahmen einleiten zu können.

Verwechselt werden kann das Schadbild des ALB mit folgenden Schadinsekten: CLB (S. 37), Hornissenglasflügler (S. 222), Pappelbock (S. 221) und Weidenbohrer (S. 302).

Schadsymptome und Auffälligkeiten am Stammfuß und an Wurzeln

Citrusbockkäfer (CLB)
(*Anoplophora chinensis*)

Bei einem Befall mit dem Citrusbockkäfer, kurz CLB (Citrus Longhorned Beetle), sind im unteren Stammbereich und am Stammfuß Ausbohrlöcher und Bohrspäne zu sehen. Bevorzugt werden Zitruspflanzen sowie Ziergehölze wie Rosen und Hibiskus. Bei den Bäumen werden neben Ahorn auch Rosskastanie, Erle, Birke, Edelkastanie, Rot-Buche, Esche, Walnuss und Obstgehölze bevorzugt befallen. Die Eiablage der Käfer erfolgt in T-förmigen Schlitzen oder kleinen Trichtern im unteren Stammbereich bis in eine Höhe von max. 1 m. Ein Weibchen kann bis zu 200 Eier ablegen. Diese ähneln einem Reiskorn und sind 5 bis 6 mm lang. Nach ein bis drei Wochen schlüpfen die Larven, die sich dann in die Rinde und später in das Holz bohren. Die Larven sind weiß bis cremefarben und beinlos (Abb. 38). Sie werden bis zu 6 cm lang und 1 cm dick. In diesem Stadium sind am Stammfuß und im Baumumfeld gröbere Bohrspäne erkennbar. Nach einer Entwicklung von ein bis zwei Jahren schlüpfen im Sommer die Käfer und bohren sich dann aus dem Holzkörper aus. Die Ausbohrlöcher sind 1 bis 1,5 cm im Durchmesser und nahezu rund. Sie befinden sich an flachstreichenden Wurzeln, am Stammfuß und im unteren Stammbereich. Die Käfer sind glänzend schwarz mit unregelmäßig angeordneten hellen Flecken auf den Flügeldecken sowie zwei Flecken am Halsschild (Abb. 39). Sie haben eine Länge von 21 bis 37 mm. Die Fühler sind sehr lang und schwarz-hell gestreift. Der CLB ist ein Quarantäne-Schädling und somit meldepflichtig. Er wird aus Asien meist durch infiziertes Pflanzenmaterial in Form

Abb. 38: Die beinlose Larve des Citrusbockkäfers hat einen bräunlichen Kopf (Foto: Beat Wermelinger)

Abb. 39: Der erwachsene Citrusbockkäfer unterscheidet sich vom ALB durch eine gekörnte/rauhere Basis der Flügeldecken und zeigt am Halsschild zwei weißlich-blaue Flecken (Foto: THOMAS SCHRÖDER)

von Bonsai-Pflanzen und getopfter Baumschulware ab einem Stammdurchmesser von ca. 2 cm nach Europa eingeschleppt. Zudem besteht noch die Möglichkeit, dass er mit Transportkisten oder in Containern hierher gelangt. Deshalb kommt einer Einfuhrkontrolle eine hohe Bedeutung zu. Um die Ausbreitung der Käfer zu vermeiden, sind ein frühzeitiges Erkennen und eine erfolgreiche Bekämpfung notwendig. Deshalb sind bei Verdachtsfällen die zuständigen Pflanzenschutzstellen zu informieren, die dann die ggf. erforderlichen Bekämpfungsmaßnahmen einleiten. Befallene Bäume können durch eine eingehende Sichtkontrolle durch geschultes Personal sowie durch den Einsatz von speziellen Spürhunden ermittelt werden. Verwechselt werden kann der Citrusbockkäfer mit dem Asiatischen Laubholzbockkäfer (→ S. 35), da er ein ähnliches Schadbild verursacht. Jedoch ist der Befallsschwerpunkt beim CLB im Gegensatz zum ALB am Stammfuß und im unteren Stammbereich. Weitere Verwechslungsmöglichkeiten sind die größeren einheimischen Insektenarten wie Weidenbohrer (→ Weide, S. 302), Blausieb (→ Linde, S. 176) und großer Pappelbock (→ Pappel, S. 221).

Brandkrustenpilz

(*Kretzschmaria deusta*; Syn. *Ustulina deusta*)

Die unscheinbaren Fruchtkörper erscheinen normalerweise knapp oberhalb des Erdbodens (→ Linde, S. 179). An Ahorn ist die Anzahl der gebildeten Fruchtkörper häufig gering (Abb. 40).

An Berg-Ahorn ist die Fäule oftmals über lange Zeit lokal begrenzt, während die Ausbreitung an Spitz-Ahorn, vor allem aber an Silber-Ahorn, meist schneller vorangeht.

Abb. 40: Befall durch Brandkrustenpilz an einem Berg-Ahorn (Pfeil)

Stockfäule ohne vorhandene Pilzfruchtkörper

Ältere Ahorn-Bäume weisen häufig eine Fäule im Stammfuß und Wurzelstock auf, ohne dass sich Fruchtkörper des verursachenden holzzerstörenden Pilzes zeigen (Abb. 41; → Esche, S. 134). Die Verursacher können z. B. der Brandkrustenpilz sein (S. 39) oder der Hallimasch (→ Mehlbeere, S. 196), der jedoch an Ahorn selten Fruchtkörper bildet.

Abb. 41: Fäule und Höhlung im Stammfuß ohne Pilzfruchtkörper

2. Birke (*Betula*)

Seite

Schadsymptome und Auffälligkeiten

an Blättern und Trieben:

an Ästen und am Stamm:

am Stammfuß und an Wurzeln:

Verbreitung und Verwendung

Zur Gattung *Betula* zählen etwa 40 sommergrüne Arten, die in der nördlichen gemäßigten und arktischen Zone beheimatet sind. Es handelt sich überwiegend um Bäume, zum Teil auch um strauchartige Gehölze. Von den in Europa beheimateten Arten haben die Sand-Birke (*B. pendula*) mit ihren Sorten sowie die Moor-Birke (*B. pubescens*) die größte Bedeutung. Gepflanzt werden auch häufig fremdländische Arten, wie z. B. Schwarz-Birke (*B. nigra*), Papier-Birke (*B. papyrifera*) und Himalaya-Birke (*B. utilis*).

Birken weisen eine lockere Verzweigung auf und entwickeln meist malerisch überhängende Zweige. Sie besitzen eine auffallende Borkenstruktur. Darüber hinaus fallen Birken im Frühjahr durch ihren zartgrünen Austrieb und im Herbst durch ihre leuchtend gelbe Herbstfärbung auf. Als Pioniergehölze sind die Ansprüche an den Boden gering, doch benötigen sie eine ausreichende Wasserversorgung und Besonnung. Sie werden vor allem in Parkanlagen und Gärten als Solitär- oder Gruppengehölze gepflanzt sowie als Pioniergehölze im Rahmen von Rekultivierungsmaßnahmen; seltener findet man Birken als Straßenbäume.

Baumbiologie

Birken haben eine vergleichsweise geringe Lebenserwartung von meist nur ca. 80–100 Jahren. Sie besitzen ein weiches, gelblich- bis rötlich-weißes Holz, ohne Ausbildung eines echten Kernholzes. Gelegentlich tritt in älteren Stämmen ein Falschkern auf, d. h. eine

Abb. 42: Birke hat ein helles Holz; hier ist zudem ein bräunlicher Falschkern vorhanden

bräunliche Verfärbung im Stamminnern, deren Ausbreitung unregelmäßig und nach außen nicht an Jahrringgrenzen gebunden ist (Abb. 42). Der Falschkern ist im Gegensatz zum echten Kernholz (→ Eiche, S. 88) nicht genetisch bedingt, sondern entsteht infolge äußerer Einwirkungen, z. B. durch Lufteintritt nach Astungen. Es liegt keine erhöhte natürliche Resistenz vor, wie sie das echte Kernholz aufweist.

Das Holz der Birke ist zerstreutporig, wobei die kleinen Gefäße sehr gleichmäßig über den Jahrring verteilt sind; die Jahrringgrenzen sind nur schwach erkennbar.

Selbst auf kleine Verletzungen reagieren Birken meist mit weiträumigen Verfärbungen. Aus diesem Grund werden sie zu den schwach abschottenden Baumarten gezählt.

Typischerweise zeigen Birken nach Verletzungen oder Astentnahmen im Spätwinter bzw. kurz vor Beginn der Vegetationsperiode für mehrere Tage bis Wochen einen Saftaustritt aus der Wunde, das sog. „Bluten". Die austretenden Flüssigkeitsmengen können in den ersten Tagen durchaus mehrere Liter erreichen. Der Baum wird durch das „Bluten" entgegen einer weit verbreiteten Meinung jedoch nicht geschädigt. Holzbiologische Untersuchungen haben ergeben, dass derartige Wunden ebenso gut, z. T. sogar besser abgeschottet werden als Verletzungen aus anderen Jahreszeiten.

Birken sind Pioniergehölze und reagieren auf plötzliche Standortveränderungen, z. B. Vernässung oder Grundwasserabsenkung, ausgesprochen empfindlich. Als Folge zeigt sich dann oftmals eine Verlichtung der Krone, ein schnelles Absterben von Kronenteilen oder sogar des gesamten Baumes (→ Trockenschäden, S. 46).

Schadsymptome und Auffälligkeiten an Blättern und Trieben

Blattflecken durch Birkenrost
(*Melampsoridium betulinum*)

Nach einer Infektion mit diesem pilzlichen Erreger zeigt sich auf der Blattoberseite eine Gelbfleckung. Unterseits sind pustelartige, anfangs gelb-orangefarbene, später bräunliche Sporenlager erkennbar (Abb. 43). Bei einem starken Befall kommt es zum vorzeitigen Laubfall. Die Erkrankung schreitet in der Krone von unten nach oben fort. An Jungbäumen kann ein starker, mehrmaliger Befall zu einer Schwächung führen, während die Erkrankung an Altbäumen nur eine optische Beeinträchtigung darstellt. Da der Pilz wirtswechselnd mit Lärche ist, verringert sich der Befallsdruck mit zunehmendem Abstand zwischen den Baumarten.

Blattflecken durch *Discula betulina*

Die Infektion dieses pilzlichen Erregers verursacht kleine, schwarzbraune Flecken, die über die gesamte Blattspreite verteilt sind

Abb. 43: Gelb-orange farbene Sporenlager vom Birkenrost (Foto: BBA/Forst)

Abb. 44: Kleine bräunliche Blattflecken durch den Pilz *Discula betulina*

(Abb. 44). Sie sind sowohl blattober- als auch -unterseits erkennbar. Das Laub vergilbt und fällt vorzeitig ab. Häufig wird man auf die Erkrankung erst durch die zahlreichen, auf dem Boden liegenden gelblichen Blätter aufmerksam. Der Befall ist zwar auffällig, der Baum wird jedoch nicht nachhaltig beeinträchtigt. Gegenmaßnahmen sind daher nicht erforderlich.

Blattflecken durch *Marssonina betulae*

Auf der Blattspreite verursacht dieser Blattpilz große, unregelmäßige, rotbraune Flecken mit einem dunklen, gezackten Rand (Abb. 45). Sie treten häufig in verstärktem Maße am Blattrand auf. Der Baum wird durch die Erkrankung nicht maßgeblich geschädigt. Gegenmaßnahmen sind auch hier nicht erforderlich.

Abb. 45: Große bräunliche Blattflecken durch den Pilz *Marssonina betulae* (Foto: H. Butin)

Vergilbung und Verlichtung durch Trockenheit

Birken neigen nach länger anhaltender, trocken-warmer Witterung im Früh- und Hochsommer zur Blattvergilbung und zum vorzeitigen Blattfall. Die Vergilbung betrifft zunächst einzelne Blätter und dann die gesamte Blattspreite; z. T. können auch Blattrandnekrosen entstehen. Später werden größere Kronenpartien oder auch die gesamte Krone erfasst (Abb. 46 und 47). Die vergilbten Blätter fallen vorzeitig ab. Meist erfolgt die Vergilbung und Verlichtung von innen nach außen. An den Blättern sind keine Anzeichen erkennbar, wie sie z. B. durch eine Virus- oder Pilzinfektion verursacht werden. Bei stark geschädigten Bäumen kann es im Folgejahr zu einem schwachen Laubaustrieb und damit zu einer deutlichen Verschlechterung der

Abb. 46: Vorzeitige Gelbfärbung einzelner Blätter durch Trockenheit

Vitalität kommen. Nach Trockenschäden besteht zudem die Gefahr einer Prädisposition gegenüber Schwächeparasiten, z. B. → Hallimasch (S. 54). Ähnliche Schadbilder entstehen auch durch eine Vernässung des Standortes, wie beispielsweise durch sommerliche Überflutung oder ansteigendes Grundwasser. Im Extremfall kann es zum Absterben des gesamten Baumes kommen.

Hexenbesen

An einzelnen Seitenästen meist älterer Birken zeigen sich besen- oder nestartige, dicht verzweigte Büsche, die einen Durchmesser von 1 m erreichen können (Abb. 48 und 49). Ursächlich für diese Wuchsanomalie ist meist eine Pilzinfektion durch *Taphrina betulina*. Der Hexenbesen entsteht durch ein massenhaftes Austreiben „schlafender" oder neu ge-

Abb. 47: Kronenzustand einer Birke nach anhaltender Trockenheit – die Krone ist vergilbt und verlichtet

Abb. 48: Mehrere Hexenbesen in einer Birkenkrone (Foto: BBA/Forst)

bildeter Knospen und durch eine starke Verzweigung der sich entwickelnden Triebe. Die Blätter in diesem Bereich sind gelblicher und kleiner als an normal ausgebildeten Trieben und zeigen ab Frühsommer auf der Unterseite einen grauweißen Myzelrasen. An der Triebbasis können zwiebelartige Verdickungen festgestellt werden. Das Myzel des Pilzes überwintert in den Knospen, so dass Hexenbesen sehr alt werden können. Eine Bekämpfung ist aus phytosanitärer Sicht nicht erforderlich, da der Baum selbst bei einem verstärkten Auftreten von Hexenbesen keinen Schaden nimmt. Bei Schneefall oder Eisregen besteht allerdings die Gefahr, dass Äste mit Hexenbesen abbrechen.

Abb. 49: Ein Hexenbesen entsteht durch zahlreiche Austriebe an einer Stelle (Foto: BBA/Forst)

Schadsymptome und Auffälligkeiten an Ästen und am Stamm

Wucherungen

An Ästen und Stämmen entstehen häufiger auffallende Verdickungen, die Durchmesser von 50 cm, z. T. auch mehr erreichen können (Abb. 50 und 51). Ein Baum kann an einem Ast oder Stamm mehrere Wucherungen besitzen. Die Deformationen sind unregelmäßig ausgebildet und haben im Vergleich zu normalen Ast- oder Stammpartien eine gröbere, aufgerissenere Borkenstruktur. Sie können sowohl einseitig ausgebildet sein als auch den Ast oder Stamm vollständig umfassen. Verursacht werden die Wucherungen durch eine lokal verstärkte Wachstumstätigkeit des

Kambiums. Im Innern der Wucherungen ist der Faserverlauf des Holzes auffallend verwirbelt (sog. Maserholz). Als Auslöser für die erhöhte Aktivität des Kambiums wird eine Infektion mit dem Bakterium *Agrobacterium tumefaciens* vermutet, wahrscheinlich in Verbindung mit alten Wunden. Für den Baum stellen die Wucherungen selbst kein Problem dar, solange sie nicht absterben und sich ausgehend von den Wucherungen eine Fäule in dem betreffenden Ast oder Stamm entwickelt. Sind abgestorbene Partien vorhanden, kann durch eine Baumuntersuchung der Umfang des Schadens ermitteln werden.

Abb. 50: Auffällige, starke Wucherung an einem Seitenast

Abb. 51: Größere, z. T. abgestorbene Wucherung mit aufgerissener Borke am Stamm

Birkenporling
(*Fomitopsis betulina*;
Syn. *Piptoporus betulinus*)

Die einjährigen Fruchtkörper treten etwa ab August an Ästen und Stämmen stark vergreisender oder absterbender Birken auf. Meist wachsen sie aus der Rinde augenscheinlich intakter Ast- oder Stammpartien einzeln hervor (Abb. 52). Es handelt sich um halbkreis- bis nierenförmige, kurz gestielte Hüte, die bis etwa 30 cm breit und 5 cm dick werden können (Abb. 53). Die beige

Abb. 52:
Junger Fruchtkörper eines Birkenporlings

Abb. 53:
Die Fruchtkörper zeigen oft eine rissige Haut auf der Oberseite

bis bräunlich gefärbte Hutoberseite ist glatt oder auch etwas rissig, die porige Unterseite ist weißlich. Der Hutrand ist meist regelmäßig nach unten gewölbt. Die Hüte sind anfangs saftig, später deutlich korkiger. Die Fruchtkörper vergehen im Winter, verbleiben aber häufig noch Monate am Baum.

Der Birkenporling verursacht eine Braunfäule, durch die die Bruchsicherheit beeinträchtigt werden kann. Erscheinen die Fruchtkörper ausschließlich an Ästen, kann der Umfang der Fäule durch eine Baumuntersuchung festgestellt und eine ggf. erforderliche Maßnahme eingeleitet werden. Erscheinen die Fruchtkörper dagegen am Stamm, ist eine Fällung des Baumes meist unerlässlich.

Zunderschwamm

(*Fomes fomentarius*)

Die Fruchtkörper erscheinen an älteren oder geschwächten Birken, z. T. gemeinsam mit denen des → Birkenporlings (S. 50). Es sind mehrjährige und daher ganzjährig am Baum erkennbare hufförmige Konsolen, die an Birke bis etwa 15 cm breit und hoch werden. Die wulstige, deutlich gezonte Oberseite ist hell- bis dunkelgrau gefärbt, die feinporige Unterseite anfangs cremefarben, später bräunlicher (Abb. 54 und 55). Die Trama ist korkig-fest. Die Fruchtkörper erscheinen entweder einzeln oder in kleinen Gruppen, und

Abb. 54: Die Oberseite des Zunderschwamms ist wulstig gezont

Abb. 55: Auf der Unterseite des Zunderschwamms sind feine Poren erkennbar

zwar normalerweise am Stamm, nicht an Ästen. Typisch ist dabei, dass die Fruchtkörper – ähnlich wie beim Birkenporling – direkt aus der Rinde augenscheinlich intakter Stammpartien hervortreten.

Der Zunderschwamm dringt über Rindenverletzungen oder Astabbrüche in das Holz ein und verursacht eine Weißfäule, durch die die Bruchsicherheit beeinträchtigt sein kann. Durch eine Baumuntersuchung kann der Umfang der Fäule ermittelt werden. Treten die Fruchtkörper am Stamm auf, verbleibt bei Birke meist nur die Fällung.

Schiefer Schillerporling

(*Inonotus obliquus*)

Dem Baumkontrolleur fallen meist nur die sterilen Fruchtkörper der Nebenfruchtform auf, die vom Sommer bis zum Herbst am Stamm erscheinen; sie treten vor allem in Norddeutschland auf. Es handelt sich um mehrjährige, schwärzliche und gekröseartige Gebilde mit einer krümeligen Konsistenz (Abb. 56 und 57). Sie können bis 40 cm breit und 10 cm dick werden. Der Pilz bringt die befallenen Bäume langsam zum Absterben. Dann erst entwickelt sich das unscheinbare perfekte Stadium des Pilzes unter der Rinde. Hierbei handelt es sich um flächige, bis ca. 1 cm dicke und mehrere Dezimeter lange Fruchtkörper. Sie sind zunächst weißlich, später bräunlich-schwarz mit eckigen, oft etwas länglich ausgezogenen Poren. Das Vorhandensein der perfekten Form wird meist erst dann sichtbar,

Abb. 56: Auffällig geformter, schwarzer Fruchtkörper des Schiefen Schillerporlings

wenn die über dem Fruchtkörper liegende Rinde aufbricht. Der Pilz verursacht eine Weißfäule, durch die die Bruchsicherheit beeinträchtigt sein kann. Eine Baumuntersuchung oder die Durchführung einer baumpflegerischen Maßnahme (z. B. Kroneneinkürzung) lohnen normalerweise nicht mehr, da die befallenen Bäume innerhalb weniger Jahre absterben.

Schwarze Leckstellen

Am unteren Stamm treten häufiger schwarze, z. T. auch nässende Flecken auf (Abb. 58; → Ahorn, S. 31). Durch eine Baumuntersuchung kann der Umfang des Schadens, der unterschiedliche Ursachen haben kann, ermittelt werden.

Abb. 57: Nach dem Abfallen des Fruchtkörpers verbleibt eine krustige Ansatzstelle

Abb. 58: Schwarze Leckstellen am unteren Stamm einer Birke

Schadsymptome und Auffälligkeiten am Stammfuß und an Wurzeln

Brandkrustenpilz

(*Kretzschmaria deusta*; Syn. *Ustulina deusta*)

Die Fruchtkörper treten an Birke selten in Erscheinung (Abb. 59 und 60; → Linde, S. 181). Gegebenenfalls können abgestorbene Rindenpartien oder auch → schwarze Leckstellen (S. 53) auf einen Befall hindeuten. Die durch den Brandkrustenpilz verursachte Fäule breitet sich bei Birke rasch aus.

Hallimasch (*Armillaria* spp.)

Hallimasch tritt vor allem an gestressten Birken auf, z. B. durch Trockenheit oder Vernässung (→ Mehlbeere, S. 196). Aufmerksam auf einen Befall wird man an Birke meist durch abgestorbene Rindenpartien und/oder das Auftreten von Rhizomorphen unter der Rinde (Abb. 61). Auf eine Fäule können auch → schwarze Leckstellen (S. 53) hindeuten.

Abb. 59: Fruchtkörper vom Brandkrustenpilz am Stubben eines Stämmlings

Abb. 60: Der Baum aus Abbildung 59 nach der Fällung – die Fäule hatte sich schon sehr weit ausgebreitet

Abb. 61: Befall durch Hallimasch – ablösende Borke und Rhizomorphen am Stammfuß einer Birke

Stockfäule ohne vorhandene Pilzfruchtkörper

An älteren Birken tritt häufig eine Fäule am Stammfuß und Wurzelstock auf, ohne dass sich Pilzfruchtkörper zeigen (→ Esche, S. 134; Abb. 62). An Birke kommen als typische wurzelbürtige Fäuleerreger z. B. → Brandkrustenpilz (S. 54) oder → Hallimasch (S. 54) in Frage.

Abb. 62: Ein auffälliges Rindenbild deutet auf eine Stockfäule hin, auch wenn keine Pilzfruchtkörper vorhanden sind.

3. Buche (*Fagus*)

Schadsymptome und Auffälligkeiten

Verbreitung und Verwendung

Die Gattung *Fagus* umfasst nur etwa zehn sommergrüne Arten, die alle in der gemäßigten Zone der nördlichen Hemisphäre verbreitet sind. In Europa hat praktisch nur die Rot-Buche (*F. sylvatica*) eine Bedeutung; dabei liegt der Schwerpunkt ihres Verbreitungsgebietes in Mittel- und Westeuropa. Die Buche ist in Europa eine der wichtigsten Waldbaumarten. Darüber hinaus hat sie eine große Bedeutung als Park- und Gartengehölz. Hier kommen auch die verschiedenen Sorten zum Einsatz, wie z. B. Blut- und Hänge-Buchen (*F. sylvatica* 'Atropunicea' und *F. sylvatica* 'Pendula') oder auch die geschlitztblättrige Form (*F. sylvatica* 'Asplenifolia'). Als Straßenbaum spielt die Rot-Buche eine untergeordnete Rolle.

Allen Buchen gemeinsam ist ihre glatte Rinde, die eine auffallend silbergraue Farbe hat. Aufgrund der geringen Dicke der Rinde sind die Bäume gefährdet gegenüber → Sonnenbrand (S. 65).

Ein weiterer Zierwert der Buchen liegt im frühen Laubaustrieb sowie der goldbraunen Herbstfärbung.

An den Standort stellen Buchen keine besonderen Anforderungen. Sie bevorzugen aber feuchte, nährstoffreiche und leicht saure Böden. Buchen haben ein ausgesprochen flaches Wurzelsystem und reagieren daher besonders empfindlich auf Trockenheit und Bodenverdichtungen. Sie vertragen einen hohen Schattendruck und führen ihrerseits zu einer starken Verschattung unter der Krone.

Baumbiologie

Die Lebenserwartung von Rot-Buchen kann 250–300 Jahre betragen. Blut-Buchen werden dagegen häufig nur etwa 150 Jahre alt. Buchen zählen zu den effektiv abschottenden Baumarten. Sie besitzen ein sehr hartes, rötlichweiß gefärbtes Holz. Es wird kein echtes Kernholz ausgebildet, doch kommt es in älteren Stämmen (meist ab 80 Jahren) im Innern häufig zum sog. Buchenrotkern (Abb. 63). Hierbei handelt es sich um einen Falschkern, d. h. eine unregelmäßige, rötlich-braune Verfärbung, deren Bildung im Gegensatz zum echten Kernholz (→ Eiche, S. 88) keine erhöhte natürliche Resistenz aufweist. Im Rotkern sind meist dunkle Linien erkennbar, die die Verfärbung in verschiedenfarbige Zonen unterteilen. Hierbei handelt es sich um baumeigene Reaktionen und nicht um sog. Demarkationslinien, wie sie von holzzerstörenden Pilzen zur Abgrenzung einzelner Befallszonen gebildet werden. Der Buchenrotkern allein stellt somit nur eine Verfärbung und keine Festigkeitsminderung oder Fäule dar.

Das Buchenholz ist zerstreutporig mit einer allmählichen Abnahme der Anzahl und Größe der Gefäße zum Spätholz hin. Die Jahrringgrenzen sind deutlich erkennbar.

Schadsymptome und Auffälligkeiten an Blättern und Trieben

Blattschäden durch Buchenblattbaumlaus

(*Phyllaphis fagi*)

Die grünlich-gelben Läuse mit weißen, wolligen Wachsausschei-

Abb. 63: Die Buche hat ein rötlichweißes Holz; in älteren Stämmen ist oft ein dunkler Falschkern (Buchenrotkern) vorhanden

dungen befinden sich etwa ab Mai auf der Blattunterseite (Abb. 64). Sie vermehren sich sehr rasch, so dass die gesamte Blattunterseite und auch die Triebspitzen mit Läusen überzogen sein können. Durch ihre Saugtätigkeit entstehen auf der Blattoberseite Aufhellungen, später können sich auch Deformationen von Blättern und Trieben, eingerollte Blattspreiten sowie nekrotische Bereiche zeigen (Abb. 65). In einzelnen Jahren kommt es zu Massenpopulationen. An Altbäumen fängt der Befall an den jüngsten Trieben in der unteren Krone an und breitet sich von dort nach oben aus. Eine Bekämpfung des Schädlings ist i. d. R. nicht erforderlich, da die Populationen relativ schnell zusammenbrechen. An Jungbäumen kann ein starker Befall eine Zuwachsdepression bewirken.

Abb. 64: Buchenblattbaumläuse auf den Blattunterseiten einer Blut-Buche

Abb. 65: Blattdeformationen durch starken Befall mit Buchenblattbaumlaus an Rot-Buche

Blattschäden durch Buchenspringrüssler

(*Rhynchaenus fagi*)

Die Käfer treten regelmäßig in Buchenbeständen auf. Ab Mitte Mai sind die Kronen betroffener Bäume lichter und das Laub nicht vollständig entwickelt. Die Blätter zeigen einen Lochfraß, Blattminen sowie zusammengefaltet wirkende, verbräunte Blattbereiche (Abb. 66). Anschließend kann es zum vorzeitigen Laubfall kommen. Minierte Blattbereiche verbräunen, was auf den ersten Blick an einen Spätfrostschaden erinnert oder an die pilzlich bedingte Blattbräune der Buche (*Apiognomonia errabunda*), die auch parallel zum Buchenspringrüssler auftreten kann.

Der Lochfraß entsteht bereits während des Austriebs der Blätter durch die adulten Tiere des Buchenspringrüsslers. Sie verursachen auch Fraßschäden an Blattstielen und Blüten. Die Käfer sind nur etwa 2 mm groß, schwärzlich gefärbt und weisen rötliche Fühler und Beine auf. Die Beine sind kräftig ausgebildet, wodurch der Kä-

Abb. 66: Typisches Schadbild vom Buchenspringrüssler: Lochfraß der adulten Käfer und Blattminen der Larven (Foto: Beat Wermelinger)

fer zum Springen befähigt ist. Die Weibchen legen jeweils etwa 30 Eier auf der Blattunterseite in der Nähe der Mittelrippe ab. Die beinlosen, weißlichen Larven minieren zwischen den Blattadern. Die Minen verlaufen stets wie ein dünnes Band in Richtung Blattrand, wo sie sich erweitern und in einer größeren Platzmine enden. Hier findet später in einem kleinen Gespinstkokon die Verpuppung zum Käfer statt. Die Jungkäfer sind ab Juni/ Juli flugfähig. Es wird eine Generation pro Jahr ausgebildet. Die Käfer überwintern in Rindenspalten sowie im Falllaub.

Erst wenn Massenvermehrungen in mehreren Jahren hintereinander auftreten, können nachhaltige Vitalitätseinbußen und eine Prädisposition gegenüber sekundären Pathogenen entstehen.

Schadsymptome und Auffälligkeiten an Ästen und am Stamm

Pfennig-Kohlenkruste

(*Biscogniauxia nummularia*)

Die Pfennig-Kohlenkruste ist ein holzzerstörender Pilz, der Teil einer neuartigen Komplexkrankheit der Buche ist. Die Schäden dieses Schlauchpilzes treten vor allem nach Phasen längerer Trockenheit und extremer Hitze auf. Im englischen Sprachraum heißt diese Erkrankung an den Ästen „strip canker" („Streifenkrebs"), wegen der länglichen, oft oberseitigen Rindennekrosen. Der Befall verursacht meist an älteren Buchen ein plötzliches Absterben von Ästen und Kronenteilen (Abb. 67). In der Folge kann es durch die rasch einsetzende Moderfäule zum Abbrechen teils auch noch belaubter Äste kommen.

Der Pilz bildet in der abgestorbenen Rinde schwarze, zunächst münzförmige, etwa 10 bis 30 mm breite und 0,6–0,8 mm dicke Sammelfruchtkörper (Stromata), die aufgrund ihrer Form zum dem deutschen Namen geführt haben (Abb. 68). Die Stromata fließen zunehmend zusammen und können sich dann zu geschlossen erscheinenden, schwarzen Krusten entwickeln. Der Pilz ist zumeist vergesellschaftet mit einer Vielzahl schwächeparasitischer bzw. sekundärer Schadorganismen. Häufig handelt es sich um Askomyzeten der Gattung *Nectria* und *Neonectria* sowie um den Buchenprachtkäfer

Abb. 67:
Absterbende Kronenäste in der Oberkrone einer Buche
(Foto: ROLF KEHR)

Abb. 68:
Noch grüner Ast mit oberseitiger Rindennekrose und sich entwickelnden Fruchtkörpern der Pfennig-Kohlenkruste
(Foto: ROLF KEHR)

(*Agrilus viridis*) und den Kleinen Buchenborkenkäfer (*Taphrorychus bicolor*).

Die meist auf den Astoberseiten befindlichen Nekrosen bzw. Sammelfruchtkörper sind bei der Baumkontrolle vom Boden aus kaum erkennbar. Absterbende und abbrechende Äste in der oberen Krone sind jedoch speziell nach längerer Trockenheit bzw. Hitze ein deutliches Indiz für diesen Befall. Eine Baumuntersuchung in der Krone kann hier Klarheit schaffen.

Grünastabbrüche

In Perioden mit trocken-warmer Witterung können aus der Krone älterer Buchen vereinzelt belaubte Äste herausbrechen (Abb. 69; → Rosskastanie, S. 272). Solche Grünastabbrüche sind nicht vorhersehbar.

Abb. 69: Grünastabbruch durch sommerliche Trockenheit

Sonnenbrand (Rindenschäden)

Aufgrund ihrer dünnen Rinde sind Buchen sonnenbrandgefährdet. Deshalb kann es an Ast- und Stammpartien, die plötzlich der Sonneneinstrahlung ausgesetzt sind (z. B. nach Freistellung oder einem Ausbruch von Kronenteilen), auf der nach Süden oder Südwesten zeigenden Seite zu einem partiellen Absterben, Aufplatzen und Abblättern der Rinde kommen (Abb. 70 und 71).

An Hänge-Buchen entstehen diese Schäden auch ohne Freistellung auf den Astoberseiten am Scheitelpunkt der Krone (Abb. 72).

Abb. 71: Älterer Sonnenbrandschaden; an den Seiten sind bereits Überwallungswülste vorhanden

Abb. 70: Jüngerer Sonnenbrandschaden am Stamm einer Buche – die Rinde platzt zunächst rissig auf

Abb. 72: Sonnenbrand auf der Astoberseite einer Hänge-Buche

Verursacht werden diese Schäden durch eine intensive Sonneneinstrahlung und die damit verbundene starke Erhitzung der Rinde und des darunter befindlichen Kambiums. Sind lediglich die äußeren Rindenzellen betroffen, ohne Schädigung des Kambiums, kommt es nur zur Ausbildung einer raueren und rissigeren Rindenstruktur. Werden dagegen auch tiefer liegende Rindenzellen und das Kambium geschädigt, entstehen dort Rindennekrosen, durch die der Holzkörper freigelegt wird. Kleinere Schäden werden meist engräumig abgeschottet und überwallt. Bei großflächigeren Schäden besteht jedoch die Gefahr, dass holzzerstörende Pilze in die Wunden eindringen und hier eine Fäule verursachen, so dass die Bruchsicherheit beeinträchtigt sein kann.

Abb. 73: Fruchtkörper des Spaltblättlings an einem Sonnenbrandschaden

Typische Fäuleerreger sind z. B. → Buckeltramete (S. 72) oder Spaltblättling (*Schizophyllum commune*), die eine oberflächliche und i. d. R. auch engräumig begrenzte Weißfäule verursachen (Abb. 73). Bei umfangreicheren Schäden ist eine Baumuntersuchung erforderlich.

Zur Vermeidung von Sonnenbrandschäden können an Stämmen weiße Farbanstriche oder auch ein Umwickeln mit Bastmatten erfolgen. Vom Umwickeln mit Jute ist abzuraten, da sich die Rinde darunter stark erhitzen kann. An Hänge-Buchen mit bereits geschädigten Ästen am Scheitelpunkt der Krone haben sich Lehmpackungen bewährt, die auf den betreffenden Astoberseiten aufgebracht werden und eine weitere Erhitzung verhindern.

Vergabelungen mit eingewachsener Rinde/Zwiesel

Vergabelungen und Zwiesel können U-förmig oder V-förmig ausgebildet sein. Bei U-förmigen Vergabelungen zwischen Stämmlingen (sog. Zug-Zwiesel) oder auch zwischen Ast und Stamm ist in der Vergabelung jeweils noch der Rindengrat als aufgewölbte Struktur erkennbar. Diese Vergabelungen sind statisch sehr stabil, da die Holzkörper der Stämmlinge bzw. von Ast und Stamm vollflächig miteinander verbunden sind. Daran ändert auch das weitere Wachstum des Baumes nichts, d. h. eine U-förmige Vergabelung bleibt i. d. R. als U-förmige Gabel erhalten und es kommt nicht zum Einwachsen von Rinde.

Demgegenüber befindet sich in V-förmigen Vergabelungen zwischen Stämmlingen (sog. Druck-Zwiesel) oder zwischen Ast und Stamm häufig eingewachsene Rinde (Abb. 74). Bei diesen Vergabelungen werden die Holzkörper der beiden Stämmlinge bzw. das Gewebe von Stamm und Ast durch die eingewachsenen Rindenschichten voneinander getrennt, so dass eine statisch schwächere Verbindung besteht. Aus diesem Grund neigen diese Vergabelungen bei stärkerer Belastung (z. B. Sturm, Eisregen) zum Einreißen und ggf. auch zum nachfolgenden Auseinanderbrechen (Abb. 75 und 76).

Abb. 74: Eingewachsene Rinde in der V-förmigen Vergabelung zweier Stämmlinge

Abb. 75: Eingerissene Vergabelung als Folge von eingewachsener Rinde – hier besteht Handlungsbedarf

Abb. 76: Die Vergabelung ist nicht nur eingerissen, sondern klafft bereits auseinander – hier besteht akute Bruchgefahr

Abb. 77: „Ohrenartige" Verdickung durch verstärkten Holzzuwachs im Bereich der Vergabelung (Pfeil)

Eingewachsene Rinde zeigt sich anhand folgender Symptome:

1. Zwischen den beiden Stämmlingen bzw. zwischen Stamm und Ast ist kein leicht aufgeworfener Rindengrat erkennbar, sondern es wölben sich die Rindenschichten nach innen, wodurch eine Art Kerbe entsteht. Im Falle eines Einreißens der Vergabelung wird der Riss innerhalb bzw. auch in der Verlängerung dieser Kerbe sichtbar. Teilweise kann die Kerbe wie ein Riss aussehen, obwohl keiner vorliegt. Dann kann der untere Bereich der eingewallten Rinde mit einer Hippe vorsichtig angeschnitten werden. Liegt tatsächlich ein Riss vor, kann er bis zum Holzkörper verfolgt werden.
2. Infolge von eingewachsener Rinde können in einer Vergabelung ungünstige Spannungsverhältnisse entstehen, die der Baum durch einen verstärkten seitlichen Holzzuwachs auszugleichen versucht, um die Verbindungsfläche zwischen den beiden Holzkörpern zu vergrößern. Hierdurch entwickeln sich im Laufe der Zeit im Bereich der o. g. Kerbe zwei Wülste, die immer stärker abstehen und später ein „ohrenartiges" Aussehen annehmen (Abb. 77 und 78).

Abb. 78: Aufgespaltene Vergabelung mit eingewachsener Rinde (keine Fäule)

Abb. 79: Oberhalb der eingewachsenen Rinde in einer Vergabelung ist meist eine Hohlkehle erkennbar (Pfeil)

3. Stämmlinge und Äste, in deren Vergabelung sich eingewachsene Rinde befindet, weisen in dem oberhalb der Gabel liegenden Bereich meist eine Hohlkehle auf (Abb. 79).

Befindet sich in einer V-förmigen Vergabelung lediglich eingewachsene Rinde, ohne dass ein Riss vorliegt, sind aus Gründen der Verkehrssicherheit keine baumpflegerischen Maßnahmen erforderlich. Aus prophylaktischen Gründen kann jedoch z. B. der Einbau einer Kronensicherung sinnvoll sein.

Zeigt sich in der Vergabelung ein Riss, besteht Handlungsbedarf, auch wenn der Riss lediglich einseitig oder nur kurz ist. Zur Sicherung bruchgefährdeter Kronenteile stellt der Einbau einer Kronensicherung die baumschonendste und auch beste Variante dar, und zwar möglichst mittels Hohltau- oder Gurtsicherungssystem. In Einzelfällen kann auch der Einbau von Gewindestangen gemäß ZTV-Baumpflege zur Stabilisierung von eingerissenen Vergabelungen sinnvoll sein.

An Buche ist das Erkennen von eingewachsener Rinde in einer Vergabelungen meist schon vom Boden aus gut möglich, da die Rinde sehr glatt ist. Bei bruchgefährdeten Vergabelungen an Buchen ist von einer Einkürzung, wie es bei anderen Baumarten durchaus praktikabel sein kann, aufgrund der Gefahr von → Sonnenbrand (S. 65) abzuraten. Darüber hinaus wird bei Buche nach umfangreichen Schnittmaßnahmen der arttypische Habitus i. d. R. nicht wieder erreicht.

Ausbruchswunden

An älteren, großkronigen und weit ausladenden Buchen können oftmals große Ausbruchswunden vorhanden sein. Diese entstehen durch das Herausbrechen eines Stämmlings oder Starkastes aus einer Vergabelung mit eingewachsener Rinde, die zusätzlich eingerissen ist (Abb. 80). Typischerweise zeigen diese Verletzungen einen meist herzförmig ausgebildeten Wundrand sowie schwärzliche Bereiche im oberen Teil der Wunde. Hierbei handelt es sich nicht – wie häufig angenommen wird – um eine Fäule, sondern um die freigelegte eingewachsene Rinde. Wenn im Bereich des Ausbruchs ausrei-

Abb. 80: Ältere Ausbruchswunde an einer Buche mit zahlreichen Pilzfruchtkörpern

chend intaktes Holz vorhanden ist, geht von einer frischen Wunde zunächst keine Gefahr aus. Erst nach mehreren Jahren kommt es zu einer Fäule, durch die die Bruchsicherheit des Baumes beeinträchtigt sein kann. Häufig treten dann an der Wunde auch Fruchtkörper der → Schmetterlingstramete (S. 71) oder der → Buckeltramete auf (S. 72), im Bereich alter Wunden auch die des → Zunderschwamms (S. 74). An älteren Ausbruchswunden muss zum Feststellen des Schadensumfangs eine Untersuchung des Holzkörpers erfolgen, z. B. von einer Hubarbeitsbühne aus.

Schmetterlingstramete
(*Trametes versicolor*)

Die Fruchtkörper erscheinen meist in großer Zahl im Bereich von Astungswunden, → Ausbruchswunden (S. 70) oder an durch → Sonnenbrand (S. 65) geschädigten Stamm- oder Astpartien (Abb. 81). Der einzelne Fruchtkörper ist zwar einjährig, doch werden das ganze Jahr über Fruchtkörper gebildet, so dass sie ganzjährig erkennbar sind. Es handelt sich um halbkreis- bis rosettenförmige Hüte, die mit einem stielartigen Auswuchs am Holz ansitzen. Die dünnen, bis etwa 5 cm breit werdenden Hüte haben einen flatterigen und unregelmäßig gekerbten Rand. Ihre samtige Oberseite weist konzentrische Zonen auf, die viele verschiedene Farbtöne besitzen können (Abb. 82). Auf der weißlichen Unterseite befinden sich rundlich-eckige Poren.

Abb. 81: Astungswunde mit zahlreichen älteren Fruchtkörpern der Schmetterlingstramete

Abb. 82: Typisch für die Schmetterlingstramete ist die deutliche Zonierung der Oberseite

Die Schmetterlingstramete ist ein typischer Wundbesiedler. Aufgrund der Vielzahl an Fruchtkörpern sieht der Schaden meist dramatischer aus als er tatsächlich ist. Die Weißfäule ist meist lokal auf den Wundbereich begrenzt und sowohl zu den Seiten als auch in Richtung Stammmitte engräumig abgeschottet. Durch eine Baumuntersuchung kann der Umfang des Schadens ermittelt werden. Erfahrungsgemäß entsteht auch durch einen mehrjährigen Befall keine Beeinträchtigung der Bruchsicherheit.

Buckeltramete

(*Trametes gibbosa*)

Die Fruchtkörper treten an Buche in geschädigten Bereichen an größeren Astungswunden, → Ausbruchswunden (S. 70) oder an Schäden durch → Sonnenbrand (S. 65) auf. Sie sind meist einjährig, werden jedoch das ganze Jahr über gebildet, so dass sie meist ganzjährig erkennbar sind. Es handelt sich um konsolen- bis halbkreisförmige Hüte, die meist zu mehreren dachziegelartig übereinander wachsen. Sie können eine

Breite von 15 cm erreichen und bis etwa 4 cm dick werden. Die wellig-höckerige Hutoberseite besitzt im Bereich der Anwachsstelle am Holz einen deutlichen Buckel. Die Hüte sind oberseits weißlich und färben sich durch Algenablagerungen grünlich (Abb. 83). Der scharfkantige Rand ist wellig und oftmals eingekerbt. Die Trama ist weiß bis cremefarben und besitzt eine zäh-elastische Konsistenz. Auf der weißlichen Unterseite befinden sich längliche Poren (Abb. 84).

Die Buckeltramete ist ein Wundbesiedler, der im Holzkörper eine Weißfäule verursacht. Die Fäule breitet sich im Gegensatz zu einem Befall durch die → Schmetterlingstramete (S. 71) meist weiter aus. Beim Feststellen eines Befalls besteht Handlungsbedarf (z. B. Baumuntersuchung).

Abb. 83: Fruchtkörper der Buckeltramete an einem abgesägten Stämmling – die Oberseite ist meist durch Algen grünlich gefärbt

Abb. 84: Die Buckeltramete weist unterseits länglich ausgezogene Poren auf

Zunderschwamm

(*Fomes fomentarius*)

Der Pilz tritt an Buche meist nur in park- und waldartigen Beständen auf. Die Fruchtkörper können an Buche eine Breite von 50 cm und eine Höhe von 25 cm erreichen und werden damit deutlich größer als an Birke (→ Birke, S. 51). Sie können an alten, geschwächten Buchen sowohl am Stamm als auch an stärkeren Ästen auftreten (Abb. 85). Dabei muss der betroffene Baum nicht unbedingt große Wunden aufweisen. In der Nähe der Fruchtkörper befinden sich wegen der dort vorhandenen Fäule oftmals Spechtlöcher.

Durch die vom Pilz verursachte Weißfäule kann es an Buche zum Bruch von Starkästen oder Stämmlingen kommen. Aus diesem Grund besteht Handlungsbedarf, z. B. eine Baumuntersuchung. Bei einem ausschließlichen Auftreten von Fruchtkörpern an Ästen kann eine Buche meist noch längere Zeit erhalten werden, ggf. nach Durchführung einer baumpflegerischen Maßnahme (z. B. Einbau einer Kronensicherung).

Abb. 85: Zunderschwamm am Stamm einer älteren Buche

Das Auftreten von Fruchtkörpern am Stamm, vor allem in größerer Zahl, deutet dagegen auf eine weiträumigere Fäule hin, so dass bei großkronigen und exponiert stehenden Buchen oftmals nur die Fällung verbleibt.

Drehwuchs

Ältere Buchen weisen häufig einen stark gedrehten Stamm auf (Abb. 86; → Rosskastanie, S. 281).

Einbuchtungen und Einwallungen

Ältere Bäume zeigen meist einen auffallend gebuchteten Stamm. Ursächlich hierfür ist ein ungleichmäßiges Dickenwachstum, infolge dessen einzelne Stammpartien im Wachstum zurückbleiben, während sich andere Bereiche deutlich nach außen wölben. Hierdurch entstehen Einbuchtungen (Abb. 87) oder sogar Einwallungen (Abb. 88), bei denen es zum Einwachsen von Rinde kommt.

Abb. 86: Stamm einer Buche mit Drehwuchs

Abb. 87: Einbuchtungen am unteren Stamm

Abb. 88: Einwallungen von Rinde

Der buchtenartige Wuchs wird häufig fälschlicherweise als ein Anzeichen für eine Fäule im Stamminnern gehalten, da bei einer von innen nach außen voranschreitenden Fäule meist zuerst in den Einbuchtungen und Einwallungen abgestorbene Rindenbereiche und Pilzfruchtkörper auftreten (Abb. 89). Bei der gebuchteten Wuchsform des Stammes handelt es sich jedoch um einen art- bzw. altersbedingten Habitus, der unabhängig vom Vorhandensein einer Fäule entsteht. Da es auch Fäulen im Stamm ohne Einbuchtungen bzw. Einwallungen gibt (Abb. 90), stellt eine Einbuchtung oder Einwallung allein kein Anzeichen für eine Fäule dar. Trotzdem sollten

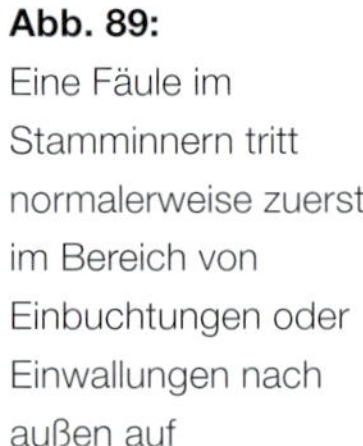

Abb. 89: Eine Fäule im Stamminnern tritt normalerweise zuerst im Bereich von Einbuchtungen oder Einwallungen nach außen auf

Abb. 90: Fäule im Innern eines Stammes ohne Einwallungen

diese Bereiche mit erhöhter Aufmerksamkeit kontrolliert werden. An Buche treten Einbuchtungen und Einwallungen meist ab einem Alter von 80–100 Jahren auf.

Buchenschleimfluss/ Buchenwollschildlaus

(*Cryptococcus fagisuga*)

An Buchen in wald- und parkartigen Beständen kann im Frühjahr ein Ausfluss am Stamm auftreten, der sich durch die Besiedlung mit Mikroorganismen dunkel färbt (sog. Schleimfluss). Der Ausfluss kann in verschiedenen Stammhöhen erscheinen, insbesondere im unteren Bereich. Im Laufe der Zeit trocknen die nassen Stellen ein und bleiben als heller Fleck auf der Rinde sichtbar. Beim Anschneiden der Rinde mit einem Messer kommen in den betroffenen Bereichen bräunliche Nekrosen zum Vorschein (Abb. 91). Während kleinere Nekrosen normalerweise gut überwallt werden, ist dies bei großflächigeren Schäden nicht mehr möglich und es kommt nachfolgend zum Ablösen größerer Rindenpartien. Die Krankheit wird daher auch als Buchen-Rindennekrose bezeichnet. Bei umfangreichen Rindenschäden kann das Wurzelwerk nicht mehr ausreichend mit Assimilaten versorgt werden, so dass es im fortgeschrittenen Stadium der Erkrankung zu deutlichen Vitalitätsmängeln – z. B. schüttere Belaubung, vorzeitiger Laubfall und Welkeerscheinungen – und nachfolgend auch zum Absterben der befallenen Buche kommen kann.

Beim Buchenschleimfluss handelt es sich um eine hinsichtlich der Entstehung und des Ablaufs noch nicht abschließend geklärte Komplexkrankheit. Als auslösender Faktor gilt die Buchenwollschildlaus, eine ca. 1 mm große, rundliche Schildlaus mit weißlichen, wolligen Wachsausscheidungen (Abb. 92). Die Tiere sind nur im Larvenstadium beweglich, weshalb die Stämme der Buchen in diesem Entwicklungsstadium besiedelt werden. Ausgehend von zunächst kleinen Befallsstellen vermehren sich die Läuse rasch und breiten sich stark aus, so dass später der gesamte Stamm weißlich erscheinen kann (Abb. 93).

Abb. 91: Nach Anschneiden der Rinde im Bereich der Schleimflussflecken werden Nekrosen erkennbar (Foto: BBA/Forst)

Abb. 92: Dichter Besatz mit Buchenwollschildläusen – die angeschnittene Rinde zeigt links nekrotisches, rechts intaktes Gewebe

Durch die Saugtätigkeit der Läuse im Rindenparenchym entstehen kleine Öffnungen in der Rinde, aus denen dann im Frühjahr der oben beschriebene Schleimfluss erfolgt. Diese Öffnungen dienen auch als Eintrittspforten für den Rindenpilz *Nectria coccinea*, dessen etwa stecknadelkopfgroße, leuchtend rote Fruchtkörper ab Herbst auftreten (Abb. 94). Der Pilz ist ein Wundparasit, der zunächst lokale Rindenverfärbungen, später allerdings auch mehr oder weniger große Nekrosen hervorruft. Hierdurch besteht zusätzlich zu den o. g. Vitalitätsmängeln die Gefahr, dass holzzerstörende Pilze über die zerstörte Rinde in den freigelegten Holzkörper eindringen und dort eine Fäule verursachen, die zu einer Beeinträchtigung der Bruchsicherheit führen kann. Stark vom Buchenschleimfluss befallene Bäume sollten entfernt werden, um eine Ausbreitung innerhalb des Bestandes zu verhindern.

Abb. 93: Starker Befall durch die Buchenwollschildlaus

Abb. 94: Die Fruchtkörper des Pilzes *Nectria coccinea* auf der Rinde

Veredelungsstellen

An veredelten Buchen (z. B. Blut- und Hänge-Buchen) ist häufig in 1–2 m Höhe oder auch im Bereich des Stammfußes eine rings um den Stamm verlaufende Quernaht erkennbar (Abb. 95 und 96). Hierbei handelt es sich um die Veredelungsstelle, die an Buche bis ins hohe Alter erkennbar ist. Im Gegensatz zu anderen Baumarten, z. B. Rosskastanie, tritt an Buche nur selten ein unterschiedliches Dickenwachstum von Unterlage und veredelter Sorte auf. Die Veredelungsstellen sind an Buche normalerweise gut verwachsen. Liegt ein Verdacht auf einen Defekt vor (z. B. abgestorbene Rindenbereiche), kann der Umfang des Schadens durch eine Baumuntersuchung ermittelt werden.

Schwarze Leckstellen

An Buchen finden sich häufig im unteren Stammbereich bzw. am Stammfuß schwarze Leckstellen auf der Borke (Abb. 97; → Ahorn, S. 31).

Abb. 95: Veredelte Blut-Buche

Abb. 96: Detailaufnahme der Veredelungsstelle

Abb. 97: Schwarze Leckstellen am Stammfuß einer Buche deuten auf Schäden im Wurzelbereich hin

Schadsymptome und Auffälligkeiten am Stammfuß und an Wurzeln

Lackporling
(*Ganoderma* spp.)

An Buche treten die Fruchtkörper meist als erstes im Bereich von → Einbuchtungen bzw. Einwallungen (S. 75) oder zwischen zwei Wurzelanläufen auf (Abb. 98 und 99). Die vom Pilz verursachte Weißfäule kann an Buche über lange Zeit lokal begrenzt sein (→ Rosskastanie, S. 287).

Abb. 98: Fruchtkörper eines Lackporlings zwischen zwei Wurzelanläufen

Abb. 99:
In der weiß gefärbten, frischen Zuwachsschicht werden die Sporen gebildet, die in der Umgebung als braunes Sporenpulver sichtbar werden

Brandkrustenpilz

(*Kretzschmaria deusta*; Syn. *Ustulina deusta*)

Die Fruchtkörper treten an Buche normalerweise zuerst in → Einbuchtungen bzw. Einwallungen (S. 75) oder an den Seiten eines Wurzelanlaufes auf (Abb. 100 und 101). Der Pilz erzeugt eine Fäule im Wurzelstock und Stammfuß, die an Buchen über lange Zeit lokal begrenzt sein kann. Später breitet sich die Fäule häufig sternförmig im Stammfuß aus, so dass zwischen mehreren Wurzelanläufen abgestorbene Bereiche erkennbar werden (→ Linde, S. 181).

Riesenporling

(*Meripilus giganteus*)

Die einjährigen Fruchtkörper erscheinen von etwa Juli bis November, wobei sie nicht unbedingt in jedem Jahr auftreten. Sie wachsen meist direkt am Stammfuß, können aber auch mehrere Meter vom Stamm entfernt sein (Abb. 102). Es handelt sich um bis zu 1 m große Fruchtkörper-Horste, die aus mehreren dachziegelartig über- und nebeneinander wachsenden dünnen Hüten bestehen (Abb. 103). Der einzelne Hut wird ca. 20 cm breit, 1–2 cm dick und hat einen welligen Rand. Die Hüte

Abb. 100: Fruchtkörper des Brandkrustenpilzes am Stammfuß einer Buche

Abb. 101: Brandkrustenpilz im Bereich einer Einwallung

Abb. 102: Frische Fruchtkörper-Horste des Riesenporlings am Stammfuß einer Buche

Abb. 103: Die Fruchtkörper des Riesenporlings sind dachziegelartig übereinander angeordnet

Abb. 104: Die Oberseiten der Fruchtkörper sind konzentrisch zoniert

entspringen einer knollenförmigen Basis. Die Oberseite ist beigefarben mit einer bräunlichen konzentrischen Zonierung (Abb. 104). Auf der cremefarbenen Unterseite befinden sich rundliche Poren, die sich nach Berührung bräunlich verfärben. Die Fruchtkörper haben eine relativ geringe Lebensdauer und fallen nach wenigen Wochen zu einer dunklen Masse zusammen.

Der Pilz ist ein Schwächeparasit, der den Baum über verletzte oder abgestorbene Wurzeln besiedelt. Er verursacht in den Wurzeln und im Wurzelstock eine Weiß- bzw. Moderfäule, die sich auch in den unteren Stamm ausbreiten kann. In erster Linie ist die Standsicherheit beeinträchtigt. Da die Wurzeln normalerweise von den Unterseiten her befallen werden, bleiben die Oberseiten zunächst intakt, so dass die Versorgung der Krone mit Wasser und Nährsalzen noch über Jahre gewährleistet sein kann. Deutliche Vitalitätseinbußen, die über die normalen, altersbedingten Kronenschäden hinausgehen, treten daher nicht oder erst in einem sehr späten Stadium des Befalls auf. Liegen allerdings deutliche Vitalitätsmängel und zahlreiche Fruchtkörper vor, deutet dies auf einen fortgeschrittenen Holzabbau hin. Für eine fachgerechte Beurteilung der Wurzelschäden muss eine Standsicherheitsuntersuchung erfolgen. An Buche tritt der Riesenporling meist erst an älteren Exemplaren auf.

Adventivwurzeln

Bei Adventivwurzeln handelt es sich um nachträglich gebildete Wurzeln. Im Gegensatz zu den ursprünglichen Wurzeln sind sie auffallend dünn und weisen eine glattere Rinde auf (Abb. 105). Sie entspringen dem Stammfuß meist unvermittelt, so dass ihnen der typische Wurzelanlauf fehlt.

Die Bildung von Adventivwurzeln kann auf einen Verlust des ursprünglichen Wurzelwerkes bzw. eines Teils davon hindeuten, z. B. durch Abgrabungen bei Baumaßnahmen oder durch eine Fäule im Wurzelstock. Adventivwurzeln tragen zur Versorgung des Baumes mit Wasser und Nährstoffen bei und haben damit eine positive Wirkung auf die Vitalität. Sie sind jedoch – zumindest über viele Jahre – kein Ersatz für geschädigte oder abgetrennte Haltewurzeln. Aus diesem Grund kann bei Bäumen mit umfangreichen Wurzelschäden eine mangelnde Standsicherheit vorliegen, die Krone aber noch gut versorgt sein.

Bei auffallend starkem Auftreten von Adventivwurzeln besteht Handlungsbedarf. Dieser kann zunächst darin bestehen, den Baum im Herbst ein weiteres Mal zu kontrollieren, da sich in dieser Zeit häufig Fruchtkörper von wurzelbürtigen Fäuleerregern an Buche zeigen, z. B. vom → Riesenporling (S. 82), die den Verdacht auf einen Schaden im Wurzelbereich bestätigen können. Darüber hinaus kann eine Baumuntersuchung Aufschluss über den Zustand des Wurzelwerkes geben.

Abb. 105: Ältere Adventivwurzeln an einer Rot-Buche

4. Eiche (*Quercus*)

Seite

Schadsymptome und Auffälligkeiten

an Blättern und Trieben:

an Ästen und am Stamm:

am Stammfuß und an Wurzeln:

Verbreitung und Verwendung

Die Gattung *Quercus* besteht aus über 450 immergrünen und sommergrünen Arten, von denen jedoch nur 25 in Europa verbreitet sind. Im deutschsprachigen Raum stellen sie wichtige Straßen- und Parkbäume sowie Gehölze für große Gärten dar und sind zudem auch im Forst von Bedeutung. Dabei spielen vor allem die in Mitteleuropa heimischen Stiel- und Trauben-Eichen eine Rolle, die heute meist nicht mehr als selbstständige Arten beschrieben werden, sondern als zwei Unterarten: *Q. robur* ssp. *robur* (Stiel-Eiche) und *Q. robur* ssp. *petraea* (Trauben-Eiche). Als Straßen- und Parkbaum hat darüber hinaus auch die Amerikanische Rot-Eiche (*Q. rubra*) eine Bedeutung. Andere Arten werden deutlich seltener verwendet, wie z. B. Sumpf-, Scharlach- oder Zerr-Eiche (*Q. palustris, Q. coccinea, Q. cerris*).

Der Zierwert der Eichen liegt in erster Linie in ihrem mächtigen und meist auch recht knorrigen Habitus. Bei den amerikanischen Arten fallen zudem das dekorative Laub und die ausdrucksvolle Herbstfärbung auf. Hinsichtlich der Standortbedingungen sind Eichen recht tolerant, sie bevorzugen jedoch tiefgründige bis frische Böden. Die amerikanischen Arten vertragen i. d. R. eine größere Trockenheit. Die nachfolgenden Ausführungen beziehen sich im Wesentlichen auf Stiel-, Trauben- und Rot-Eiche.

Baumbiologie

Eichen gehören zu den Baumarten, die im Innern des Holzkörpers ein echtes Kernholz ausbilden. Dieses Holz ist bräunlich gefärbt und hebt sich damit deutlich vom außen liegenden, gelblichweißen Splint ab (Abb. 106). Im Kernholz, dessen Bildung im Gegensatz zum sog. Falschkern (→ Ahorn, S. 13) genetisch vorbestimmt ist, sind alle wasserleitenden und speichernden Zellen außer Funktion gesetzt bzw. abgestorben. Aus diesem Grund kann der Baum hier auf Verletzungen nicht mehr reagieren. Das Holz ist durch Kernstoffe „imprägniert“, wodurch es eine erhöhte natürliche Resistenz erhält. Trotzdem sind verschiedene holzzerstörende Pilzarten in der Lage, das Kernholz abzubauen (z. B. → Schwefelporling, S. 103, → Eichenwirrling, S. 99, → Ochsenzunge, S. 109). Das Kernholz durchzieht den gesamten Stamm sowie auch stärkere Äste (ab ca. 5 cm Durchmesser). Zum Stammfuß hin verringert sich der Kernholzanteil in starkem Maße, und in den Wurzeln ist kaum noch Kernholz vorhanden.

Eichen gehören zu den ringporigen Baumarten, d. h., die im Frühjahr gebildeten Gefäße sind wesentlich größer als die später im Jahr gebildeten. Hierdurch sind die Jahrringgrenzen bereits mit bloßem Auge erkennbar. Der Wassertransport erfolgt nahezu ausschließlich im äußeren, zuletzt gebildeten Jahrring. Aus diesem Grund treiben Eichen sehr spät aus, denn der wasserleitende Jahrring muss im Frühjahr erst gebildet werden. Selbst bei einer umfangreichen Fäule im Kernholz kann die Krone über das Splintholz noch ausreichend mit Wasser und Nährelementen versorgt werden. Daher sind trotz erheblicher Schäden im Stamm oftmals keine Vitalitätsmängel erkennbar.

Bei Stiel- und Trauben-Eichen handelt es sich um sehr langlebige Gehölze, die durchaus ein Alter von 300–500 Jahren erreichen können. Sie sind sehr schnittverträglich und regenerationsfähig und treiben z. B. nach einem Kahlfraß durch Insekten meist wieder gut aus. Hier kommt ihnen insbesondere die Fähigkeit zur Bildung von Johannistrieben zugute, durch die der Verlust an Blattmasse häufig schon im Laufe des Sommers kompensiert werden kann. Hinsichtlich des Abschottungsvermögens im Splintholz zählen sie zu den effektiv abschottenden Baumarten.

Abb. 106: Die Spaltfläche des Eichenstammes zeigt ein helles Splintholz (außen) und ein dunkel gefärbtes, echtes Kernholz

Die Amerikanische Rot-Eiche ist deutlich schnellwüchsiger und auch weniger langlebig als die einheimischen Eichenarten; sie erreicht meist nur ein Alter von etwa 100–150 Jahren. Ihr Kernholz ist weniger dauerhaft als das der Stiel- und Trauben-Eiche, weshalb sich hier Fäulen meist schneller ausbreiten können. Das Splintholz ist zwar breiter als bei den einheimischen Eichenarten, dafür ist hier die Abschottung von Wunden deutlich weniger effektiv. Zudem bilden sich am unteren Wundrand von Astungswunden häufig auch größere Nekrosen. Das Regenerationsvermögen ist ebenfalls geringer als bei Stiel- und Trauben-Eiche, weshalb hier keine stärkeren Eingriffe in das Kronengefüge erfolgen sollten. Darüber hinaus bildet die Amerikanische Rot-Eiche im Gegensatz zu den einheimischen Arten deutlich eher Totholz aus.

Schadsymptome und Auffälligkeiten an Blättern und Trieben

Blattschäden durch Echte Mehltaupilze
(*Microsphaera alphitoides* und *Phyllactinia guttata*)

Durch diese Pilze entstehen ab Ende Mai auf der Blattoberseite zunächst gelbliche Flecken. Blattunterseits entwickelt sich in diesen Bereichen ein weißer, pelziger, abwischbarer Belag. Im Laufe des Sommers werden beide Blattseiten mit diesem Belag überzogen.

Abb. 107: Weißlicher Belag durch Echte Mehltaupilze an Johannistrieben einer Stiel-Eiche

Besonders betroffen sind Stammaustriebe und Johannistriebe (Abb. 107). Bei einem starken Befall kümmern die Blätter und sterben schließlich ab; darüber hinaus kommt es zu Missbildungen von Triebspitzen. Auf den Blattunterseiten können die dunklen, kugeligen Fruchtkörper festgestellt werden (Lupe!). Sind größere Teile der Krone betroffen, wird zwar die Fotosyntheseleistung des Baumes herabgesetzt, aber es entsteht keine maßgebliche Beeinträchtigung der Vitalität.

Zweigabsprünge und Kronenverlichtung

Im Laufe der Vegetationsperiode kann es zu einem mehr oder weniger starken Abwurf beblätterter Kurztriebe kommen (Abb. 108). Diesen Vorgang steuert der Baum aktiv, indem im Abzweigungsbereich von Seitentrieben eine Trennungszone aktiviert wird, wodurch – ähnlich wie beim herbstlichen Blattfall – ein „Abstoßen" von Blattmasse ermöglicht wird (Abb. 109). Verstärkte Zweigabsprünge bewirken eine Kronenverlichtung. Zweigabsprünge treten bei Eiche verstärkt auf, wenn die Vitalität abnimmt oder der Baum durch Stressfaktoren geschwächt

Abb. 108: Zweigabsprünge können bei Eiche ein Zeichen für eine Stressreaktion sein

Abb. 109: Triebbasis eines Zweigabsprungs an Eiche

wurde, z. B. durch Trockenheit oder Wurzelkappungen bei Baumaßnahmen.

Fraßschäden durch Eichenwickler

(*Tortrix viridana*)

Die Schäden durch dieses Insekt treten vor allem an Eichen in park- und waldartigen Beständen auf. Hier kommt es zunächst an Knospen, später auch an vollständig entwickelten Blättern zu Fraßschäden durch die Raupen (Abb. 110). Die Blattspitzen werden bevorzugt befallen, wobei sie mit Gespinstfäden zu Blattwickeln zusammengesponnen werden. Der Schaden beginnt zunächst in der Kronenspitze und schreitet von dort nach unten fort. Die bis etwa 20 mm langen Raupen sind graugrün gefärbt und besitzen einen dunkelbraunen Kopf; am Hinterleib sind zwei schwarze Flecken erkennbar. Der Körper ist mit zahlreichen Warzen und Haaren bedeckt. Die Falter werden bis ca. 20 mm lang und besitzen blassgrüne Vorder- und hellgrüne Hinterflügel. Bei mehrmals aufeinander folgendem Kahlfraß kann die Vitalität der befallenen Eiche erheblich beeinträchtigt werden, besonders dann, wenn der Neuaustrieb durch → Mehltaupilze (S. 90) geschädigt wird. Zu möglichen Bekämpfungsmaßnahmen kann die zuständige amtliche Pflanzenschutzstelle Auskunft geben.

Abb. 110: Fraßschaden durch Eichenwickler-Raupe (Foto: M. Lehmann)

Fraßschäden durch Schwammspinner

(*Lymantria dispar*)

Die Raupen verursachen im Frühjahr an Eichen in wald- und parkartigen Beständen einen Skelettierfraß am Laub, so dass praktisch nur die Mittelrippe der Blätter übrig bleibt. Die bis 70 mm langen Raupen sind schwarz gefärbt, besitzen einen großen, gelblichen Kopf sowie vorne blaue und hinten rötliche Warzen mit langen bräunlichen Haaren (Abb. 111). Bei Nahrungsmangel spinnen die Raupen Fäden, um sich vom Wind verwehen zu lassen. Die Verpuppung erfolgt etwa Anfang Juli in Rindenspalten am Stamm. Die Falter können eine Spannweite von 50 mm (Männchen) bzw. 80 mm (Weibchen) erreichen. Die Weibchen besitzen einen bräunlichgelben, behaarten Körper und weißliche Flügel, die Männchen sind insgesamt bräunlich gefärbt. Ein mehrmals aufeinander folgender Kahlfraß hat die gleiche Bedeutung für die Eiche wie entsprechende → Fraßschäden durch Eichenwickler (S. 92).

Abb. 111: Die Raupe des Schwammspinners (Foto: BBA/Forst)

Fraßschäden durch Eichenprozessionsspinner

(*Thaumetopoea processionea*)

An Eichen in park- und waldartigen Beständen kommt es durch die Raupen zunächst zu Fraßschäden an den Knospen und jungen Blättern der oberen Kronenbereiche, an älteren Blättern erfolgt ein Skelettierfraß. Die bis etwa 35 mm langen Raupen sind meist bläulich-schwarz gefärbt und besitzen rotbraune Knopfwarzen mit langen weißlichen Haaren.

Abb. 112: Raupengespinst des Eichenprozessionsspinners (Foto: M. Lehmann)

Sie spinnen an geschützten Stellen (z. B. in Astgabeln) ihre Nester, die mehrere Dezimeter lang werden können (Abb. 112). Von den Nestern ausgehend erfolgen abends die Prozessionen der Raupen auf das Laub; morgens kehren sie wieder zum Nest zurück. Die Folgen eines Befalls sind identisch mit → Fraßschäden durch Eichenwickler (S. 92).

Zusätzlich zur Gefährdung für die Bäume ist der Eichenprozessionsspinner auch ein Problem für den Menschen, da ältere Raupen feine Brennhaare besitzen, die starke Hautreizungen und -entzündungen sowie Atemprobleme hervorrufen können. Hierbei muss kein direkter Kontakt mit den Raupen stattfinden, sondern es reicht ein Verbreiten der brüchigen Haare durch den Wind. Beim Auftreten des Schädlings sollte die zuständige amtliche Pflanzenschutzstelle benachrichtigt werden.

Kronenschäden nach Eichensplintkäfer-Befall

(*Scolytus intricatus*)

Bei einem Befall zeigen frisch gepflanzte Eichen eine plötzliche Vergilbung und später Verbräunung des Laubes. Oftmals ist die gesamte Krone betroffen (Abb. 113). An älteren, geschwächten Eichen können die Symptome an einzelnen Ästen auftreten, an Jungbäumen erfolgt dies im Stamm. Ursächlich sind Fraßschäden durch die Larven der Käfer im Übergangsbereich von Rinde zum Holz, wodurch die Wasserversorgung gestört und das Kambium geschädigt wird.

Anzeichen für einen Befall sind kleine Bohrlöcher in der Rinde, in deren Bereich nach dem Anschneiden Fraßgänge im Splint erkennbar werden, und zwar ein Quergang und viele senkrecht verlaufende Gänge (Abb. 114). Für die Eiablage bohrt sich der bis 4 mm lange, mit rotbraunen Flügeldecken versehene Käfer durch die Rinde und legt seine Eier im Splintholz ab. Nach ca. sechs Wo-

Abb. 113: Abgestorbene Kronen junger Stiel-Eichen

Abb. 114: Nach dem Anschneiden der Rinde werden Fraßgänge des Eichensplintkäfers sichtbar

chen schlüpfen die Larven und verursachen die o. g. Fraßschäden im Holz; später verpuppen sie sich dort. Ab September erfolgt der Abflug des Käfers vom Baum. Die Jungkäfer fressen in den Astwinkeln der Vorjahrstriebe, wodurch es ebenfalls zum Welken und Vertrocknen von Trieben kommen kann. Bei Ausbildung einer zweiten Generation erfolgt die Überwinterung im Larvenstadium im Baum.

Befallen werden normalerweise nur geschwächte Bäume, z. B. Neupflanzungen oder Bäume auf ungeeigneten Standorten. Bei einem geringen Befall können die Befallsstellen herausgeschnitten werden, um weitere Fraßschäden zu vermeiden, doch werden hierdurch große Wunden verursacht. Eine chemische Bekämpfung ist nur gegen den erwachsenen Käfer möglich, und zwar bevor oder während er sich in die Rinde einbohrt. Zugelassene Pflanzenschutzmittel können bei der zuständigen amtlichen Pflanzenschutzstelle erfragt werden.

Schadsymptome und Auffälligkeiten an Ästen und am Stamm

Totholz

Eichen bilden unabhängig von der Vitalität in inneren und unteren Kronenbereichen infolge von Lichtmangel häufig auch stärkere Totäste aus (Abb. 115). Im Gegensatz zu anderen Baumarten (z. B. Linde) bilden sie im Innern des Holzkörpers jedoch ein echtes Kernholz (→ S. 88), welches von

Abb. 115: Totast in der unteren Krone

den typischerweise an Totholz vorkommenden holzzerstörenden Pilzen nur langsam abgebaut werden kann. Dadurch verbleibt das Totholz der Eiche normalerweise deutlich länger im Baum als z. B. an Linde.

Bei der Amerikanischen Rot-Eiche setzt die Totholzbildung im Gegensatz zur heimischen Stiel- und Trauben-Eiche bereits bei jüngeren Bäumen ein, und zwar sowohl im Kroneninnern als auch in der Lichtkrone. Gefördert wird eine vorzeitige Totholzbildung bei dieser Art insbesondere durch schlechte Standortbedingungen, z. B. durch Bodenverdichtung oder Verschattung. Unabhängig von der Ursache der Totholzentstehung müssen zur Herstellung der Bruchsicherheit stärkere Totäste (Durchmesser an der Astbasis ab etwa 5 cm) entfernt werden.

Spechtlöcher/Nisthöhlen

In Stämmen, Stämmlingen oder stärkeren Ästen können Öffnungen von Spechtlöchern oder anderen Nisthöhlen vorhanden sein. Ob sich hinter der Öffnung tatsächlich eine Höhlung befindet oder ob es sich lediglich um ein kleines Loch handelt, kann i. d. R. nicht vom Boden aus beurteilt werden. Liegt eine Höhlung vor, ist dies stets ein Anzeichen für eine Fäule, da Spechte ihre Höhlen normalerweise nur in weiches, von holzzerstörenden Pilzen zersetztes Holz bauen (Abb. 116). Da die Nisthöhlen oftmals annähernd den gleichen Durchmesser haben, sind Spechthöhlen in dünneren Stämmen bzw. Stämmlingen grundsätzlich kritischer einzustufen als in Stämmen mit großen Durchmessern.

Abb. 116: Spechtloch in einem dünnen Eichenstämmling

An Eichen ist bei Vorhandensein von Nisthöhlen typischerweise von einer Braunfäule im Kernholz auszugehen. Um den Umfang der Fäule und die Restwandstärke gesunden Holzes ermitteln zu können, muss in diesem Bereich eine Baumuntersuchung von einer Leiter bzw. Hubarbeitsbühne aus erfolgen.

Eichenfeuerschwamm

(*Fomitiporia robusta*;
Syn. *Phellinus robustus*)

Der Pilz befällt ausschließlich ältere, geschwächte Eichen. Die Fruchtkörper erscheinen normalerweise am oberen Stamm. Es handelt sich um mehrjährige, konsolen- bis hufförmige, sehr harte und schwere Fruchtkörper, die meist einzeln oder in kleinen Gruppen erscheinen (Abb. 117). Sie können bis 25 cm breit und 20 cm hoch werden. Die Oberseite ist graubraun gefärbt oder erscheint durch Algen grünlich; die feinporige Unterseite ist rostbraun.

Der Pilz verursacht eine Weißfäule, die über lange Zeit auf den Splint begrenzt ist, später aber auch das Kernholz angreifen kann.

Abb. 117: Frischer Fruchtkörper des Eichenfeuerschwamms

Abb. 118: Alter Fruchtkörper eines Eichenfeuerschwamms in einer eingesunkenen Stammpartie

Die Fäule schreitet sehr langsam voran und ist über lange Zeit lokal begrenzt. Zusätzlich zur Fäule kann der Pilz auch das Kambium parasitieren, weshalb im Bereich der Befallsstellen kein Dickenwachstum möglich ist. Hierdurch entsteht im Laufe der Jahre eine eingesunkene Zone, in der die Fruchtkörper wachsen (Abb. 118). Durch den Holzabbau werden die befallenen Eichen zwar geschädigt und es kann zu einer Beeinträchtigung der Bruchsicherheit kommen, doch widerstehen die Bäume z. T. viele Jahre bis Jahrzehnte. Zur Feststellung des Umfangs der Fäule ist eine Baumuntersuchung erforderlich.

Eichenwirrling

(*Daedalea quercina*)

Die Fruchtkörper erscheinen normalerweise an größeren Astungswunden, in deren Bereich das Kernholz freigelegt ist (Abb. 119). Die Fruchtkörper treten häufig zu mehreren dachziegelartig neben- und übereinander auf, so dass eine größere Fruchtkörper-Gruppe entsteht, die bis 50 cm breit werden kann. Der einzelne Fruchtkörper ist halbkreisförmig und wird meist etwa 15 cm breit und 3–5 cm dick. Die etwas wellige, uneben geformte Oberseite ist hellbraun gefärbt. Auf der Unterseite befinden sich labyrinthartig ausgezogene Poren (Abb. 120). Die Fruchtkörper sind ein- oder zweijährig. Da sie selbst im abgestorbenen Zustand noch lange am Baum verbleiben, sind sie normalerweise ganzjährig erkennbar.

Abb. 119: Fruchtkörper des Eichenwirrlings an einer Astungswunde an Rot-Eiche

Abb. 120: Typisch für den Eichenwirrling ist die labyrinthartige Porenstruktur auf der Unterseite

Der Pilz ist ein typischer Wundparasit, der bevorzugt Rot-Eichen befällt. Er verursacht eine Braunfäule im Kernholz, die sich nur langsam ausbreitet und daher meist über lange Zeit lokal begrenzt ist. Sie ist daher als weniger kritisch einzuschätzen als z. B. beim → Schwefelporling (S. 103). Das Splintholz bleibt intakt, so dass die Versorgung der Krone mit Wasser und Nährsalzen auch bei einer umfangreicheren Fäule noch gewährleistet ist. Das Ausmaß der Fäule kann durch eine Baumuntersuchung ermittelt werden.

Blitzschaden

An größeren, exponiert stehenden Eichen kommt es häufiger zu Blitzschäden. Durch den Blitzeinschlag werden die lebende Rinde (Bast) und das Kambium geschädigt, wodurch ein abgestorbener Rindenstreifen entsteht, hinter dem das Splintholz abstirbt (Abb. 121). Darüber hinaus kann es auch zu Absplitterungen des Splintholzes oder sogar zum Aufreißen des Stammes kommen.

Der Blitzschaden beginnt in der Krone und reicht meist bis zu den Wurzeln herunter. Im Laufe der Zeit entstehen an den Seiten dieser sog. Blitzleiste Überwallungswülste. Der abgestorbene Splint wird häufig von der → Schmetterlingstramete (S. 102) besiedelt, deren Fruchtkörper dann sehr zahlreich entlang der Blitzleiste erscheinen können (Abb. 122). An Eiche sind diese Pilze nur in der Lage, das Splintholz abzubauen. Allein durch diese Fäule kommt es daher nicht zu einer Beeinträchtigung der Verkehrssicherheit.

Statisch kritisch kann es sein, wenn durch Absplitterungen infolge des Blitzeinschlags oder durch den vollständigen Abbau des Splintholzes das Kernholz freigelegt wurde und der → Schwefelporling (S. 103) eine umfangreiche Fäule im Kernholz verursacht hat. Aus diesem Grund sollte das geschädigte Splintholz auf keinen Fall entfernt werden, da es selbst im abgestorbenen Zustand noch einen gewissen Schutz des Kernholzes bewirkt.

Blitzschäden können Vitalitätsmängel verursachen. Dies ist darauf zurückzuführen, dass das geschädigte Splintholz des Stammes und der Wurzeln nicht mehr für

Abb. 121: Frischer Rindenschaden durch Blitzeinschlag an einer Stiel-Eiche

Abb. 122: Älterer Blitzschaden mit zahlreichen Fruchtkörpern der Schmetterlingstramete

die Wasser- und Nährsalzversorgung zur Verfügung steht. Zudem kann es durch die fehlende Rinde zu einer mangelnden Versorgung der Wurzeln mit Assimilaten kommen, wodurch Wurzeln absterben können. Derartig geschwächte Eichen werden dann häufig vom → Hallimasch (S. 112) besiedelt.

Schmetterlingstramete
(*Trametes versicolor*)

An Eiche treten die Fruchtkörper an Verletzungen auf, in deren Bereich das Splintholz freigelegt ist, wie z. B. an Blitz- oder Anfahrschäden (Abb. 123). Auch auf abgestorbenen Rindenbereichen

Abb. 123: Schmetterlingstrameten an einem Anfahrschaden – es wird nur das verletzte Splintholz befallen

können die Fruchtkörper erscheinen (→ Buche, S. 71). An Eiche verursacht der Pilz eine Weißfäule im Splintholz, während er das Kernholz nicht abbauen kann. Im Splint beschränkt sich die Fäule meist auf den eigentlichen Wundbereich und wird zu den Seiten engräumig abgeschottet. Durch den Holzabbau entsteht normalerweise keine Beeinträchtigung der Bruchsicherheit.

Abb. 124: Fruchtkörper des Schwefelporlings an einer alten Stammwunde (Foto: H. STOBBE)

Schwefelporling
(*Laetiporus sulphureus*)

Die einjährigen Fruchtkörper erscheinen etwa ab Mai bis in den Herbst hinein, allerdings nicht in jedem Jahr. Sie können sowohl an stärkeren Ästen als auch am gesamten Stamm auftreten (Abb. 124 und 125). Es handelt sich um flache, mehr oder weniger fächerförmige, ungestielte Hüte mit einem welligen Rand, die bis etwa 40 cm breit werden können. Sie erscheinen meist zu mehreren dachziegelartig über- oder auch nebeneinander, so dass größere Fruchtkörpergebilde entstehen. Sie sind oberseits gelb bis rötlich gefärbt, die porige Unterseite ist schwefelgelb (Abb. 126). Abgestorbene Fruchtkörper sind

Abb. 125: Die Fruchtkörper des Schwefelporlings sind oft dachziegelartig übereinander angeordnet (Foto: H. STOBBE)

Abb. 126:
Der Schwefelporling weist unterseits sehr kleine Poren auf

weißlich und können noch lange Zeit am Baum ansitzen. Wenn sie abgerissen werden oder abfallen, hinterlassen sie an der Ansatzstelle weiße, waagerecht verlaufende Spuren (siehe Abb. 124).

An Eiche verursacht der Pilz eine Braunfäule im Kernholz, während das Splintholz nicht oder erst in einem sehr späten Stadium des Befalls angegriffen wird. Eintrittspforten für den Pilz sind Wunden, in deren Bereich das Kernholz freigelegt ist, wie beispielsweise Astungswunden oder Astausbrüche. Da bei einem Befall das Splintholz intakt bleibt, kann die Baumkrone noch über lange Zeit gut versorgt werden, so dass der Baum keine Anzeichen einer Vitalitätsabnahme zeigt. Das wenige Zentimeter breite Splintholz reicht aber nicht unbedingt aus, um die Bruchsicherheit zu gewährleisten. Dies gilt sowohl für den Stamm als auch für ausladende, mehr oder weniger waagerecht wachsende Äste, da die Kernfäule bis in die Äste hineinreichen kann. Bei Verdacht auf einen Befall besteht Handlungsbedarf (z. B. Baumuntersuchung).

Wunden/Höhlungen/ Baumchirurgie

Alte Eichen weisen oftmals große Wunden auf. In vielen Fällen entwickelt sich ausgehend von den Wunden eine Kernfäule im Stamm und in stärkeren Ästen, wodurch im Laufe der Zeit auch größere Höhlungen entstehen können. Wenn diese keine Öffnung haben, sind sie durch eine Sichtkontrolle nicht feststellbar. Es können aber andere Anzeichen auf eine Kernfäule hindeuten, wie z. B. eingefaulte Astungswunden, → Spechtlöcher (S. 97), auffällige Stammverdickungen oder auch → braunes Bohrmehl (S. 108) am Stamm oder auf dem Boden. Darüber hinaus kann eine verdeckte Höhlung auch durch eine Klangprobe ermittelt werden.

Ist eine Höhlung vorhanden, sollte durch eine Baumuntersuchung geklärt werden, ob die Restwandstärke intakten Holzes noch ausreichend ist. Bei Vorhandensein einer Höhlung im Stamminnern ohne Öffnung nach außen kann davon ausgegangen werden, dass das Splintholz noch über lange Zeit intakt bleibt, da es von den typischen Kernholzzerstörern der Eiche (→ Schwefelporling, S. 103; → Eichenwirrling, S. 99; → Ochsenzunge, S. 109) nicht bzw. erst im Spätstadium eines Befalls angegriffen wird. Hierdurch verbleibt außen ein intakter Ring, so dass der Querschnitt des Stammes dem eines Rohres ähnelt; der ausgehöhlte Stamm kann statisch sehr stabil sein. Sind aber zusätzlich Höhlungsöffnungen oder Risse vorhanden, steigt das Bruchrisiko, denn hier gleicht der Stammquerschnitt einem aufgeschlitzten Rohr. Die Bruchgefahr erhöht sich, wenn der Baum z. B. einen Schrägstand oder eine asymmetrische Krone aufweist oder nach einer Fällung von Nachbarbäumen freigestellt wurde.

Alte Eichen mit Wunden und Fäulen wurden in der Vergangenheit oftmals baumchirurgisch be-

Abb. 127: Alte Eiche mit Scheinplombe im unteren Stamm

handelt und weisen Beton- oder Scheinplomben auf, mit denen nach dem Ausräumen einer Fäule im Stamminnern die Höhlung verschlossen wurde (Abb. 127). Diese Methode, die bis etwa 1970 angewandt wurde, entspricht heute nicht mehr dem Stand der Technik. Je nach Größe der ehemaligen Höhlungsöffnung hat der Baum die Plombe inzwischen mehr oder weniger überwallt, so dass sie heutzutage meist nur noch schwer erkennbar ist. An Eichen muss hinter den Plomben mit einer Kernfäule gerechnet werden. Aus diesem Grund ist eine Baumuntersuchung hinsichtlich des Umfangs der Fäule sowie der verbliebenen Restwandstärke gesunden Holzes erforderlich. Sofern die Plomben noch fest im Baum verankert sind, sollten sie in jedem Fall im Baum belassen werden, da ein Ausräumen zu weiteren Verletzungen führen kann; nur lose Teile sollten entfernt werden. Dies gilt auch für Drainageröhrchen, die oftmals im Zusammenhang mit anderen baumchirurgischen Maßnahmen zur Entwässerung von Wunden, Höhlungen oder Rissen eingebaut wurden. Diese Methode entspricht heute ebenfalls nicht mehr dem Stand der Technik. Drainageröhrchen können aber ein Hinweis auf einen Schaden im Baum und damit Anlass für eine Baumuntersuchung sein.

An Bäumen mit Höhlungsöffnungen wurden im Zuge der Baumchirurgie häufig auch Verbolzungen mit Gewindestangen durchgeführt, um die Statik des geöffneten Stammquerschnitts zu verbessern (Abb. 128). Es hat sich jedoch gezeigt, dass die Gewindestangen aus statischer Sicht nutzlos sind, weshalb heutzutage derartige Maß-

Abb. 128: Höhlung mit Gewindestangen (Bolzen) an einer alten Stiel-Eiche

nahmen nicht mehr durchgeführt werden. Ähnlich wie bei Plomben und Drainageröhrchen sollten aber selbst stark korrodierte Bolzen im Baum belassen werden (s. o.).

Auch im Bereich von eingerissenen Vergabelungen wurden Gewindestangen zur Verbolzung eingebaut, um ein Weiterreißen zu vermeiden. Diese im Einzelfall durchaus sinnvolle Methode ist heute noch üblich. Um die Vergabelung wirksam vor dem Weiterreißen zu schützen, darf der Holzkörper im Bereich der Durchbohrungen jedoch keine Fäule aufweisen. Bei älteren Verbolzungen muss geprüft werden, ob die Stahlgewindestangen mit Unterlegscheiben und Muttern noch fest im Baum sitzen und der Holzkörper intakt ist. Sind die Bolzen nicht mehr funktionstüchtig, müssen neue Sicherungsmaßnahmen veranlasst werden. Sinnvoll sind meist der Einbau einer Kronensicherung und/oder eine Kroneneinkürzung. I. d. R. wurde beim Einsetzen von Gewindestangen in die Vergabelung auch eine zusätzliche Kronenverankerung eingebaut (→ Platane, S. 235). Muss diese ersetzt werden, sollte ein verletzungsfrei einbaubares Kronensicherungssystem gewählt werden. Die alten Verbolzungen sollten im Baum belassen werden, um nicht unnötig in den Holzkörper einzugreifen.

Stammrisse

An Eichen zeigen sich im Stamm oftmals in Längsrichtung verlaufende Risse (Abb. 129; → Esche, S.131).

Abb. 129: Ein Stammriss in einer Stiel-Eiche

Braunes Bohrmehl

Das Vorhandensein von Bohrmehl in Spinnennetzen oder auf der Borke des Stammes bzw. am Stammfuß kann auf eine Fäule im Holzkörper hindeuten (Abb. 130 und 131). Häufig wird das Bohrmehl von Tieren (z. B. Ameisen oder anderen Insekten) aus Fäulebereichen heraus transportiert. Sie sind nicht ursächlich für die Fäule, sondern nutzen lediglich das bereits geschädigte Holz. Bei Anzeichen für einen umfangreicheren Schaden besteht Handlungsbedarf. Bei einer Baumuntersuchung kann bereits durch die Verwendung einfacher Hilfsmittel der Umfang des Schadens eingeschätzt werden, beispielsweise durch eine Klangprobe mittels Gummihammer oder durch den Einsatz eines Sondierungsstabes.

Abb. 130: Braunes Bohrmehl aus einer Höhlung am Stammfuß

Abb. 131: Braunes Bohrmehl in Spinnennetzen am Stamm einer Eiche – dies deutet auf eine Fäule in höher gelegenen Stammbereichen hin

Schadsymptome und Auffälligkeiten am Stammfuß und an Wurzeln

Ochsenzunge
(*Fistulina hepatica*)

Der Pilz, der auch als Leberpilz bezeichnet wird, kommt an älteren Eichen vor. Die einjährigen Fruchtkörper treten zumeist am Stammfuß auf, können jedoch auch in höher gelegenen Stammbereichen und an Starkästen erscheinen. Die Fruchtkörper werden vom Sommer bis zum Herbst gebildet; sie treten allerdings nicht unbedingt in jedem Jahr auf. Es sind fleischige, zungenförmige, undeutlich gestielte Fruchtkörper, die bis 20 cm lang und breit sowie 2–5 cm dick werden können (Abb. 132 und 133).

Abb. 132: Frischer Fruchtkörper der Ochsenzunge am Stammfuß einer Stiel-Eiche

Abb. 133: Ältere Fruchtkörper der Ochsenzunge an einem Wurzelanlauf einer Stiel-Eiche

Abb. 134: Nach dem Anschneiden der Fruchtkörper der Ochsenzunge färben sich die Schnittstellen blutig rot (hier beginnende Verfärbung)

Die Oberseite ist rötlich gefärbt. Auf der weißlich-gelben Unterseite befinden sich rundliche Poren, die nach Berührung sowie im Alter rotbraun werden. Nach dem Anschneiden der Fruchtkörper färbt sich die Schnittfläche dunkelrot bis bräunlich (Abb. 134).

Der Pilz verursacht im Kernholz zunächst die sog. Hartröte, eine Holzverfärbung ohne wesentliche Festigkeitsminderung. Später erfolgt eine Braun- und/oder Moderfäule. Da der Holzabbau relativ langsam voranschreitet, können befallene Bäume meist noch viele Jahre erhalten werden. Trotzdem kann eine Beeinträchtigung der Verkehrssicherheit entstehen, weshalb der Umfang des Schadens durch eine Baumuntersuchung geklärt werden sollte.

Lackporling
(*Ganoderma* spp.)

Abb. 135: Mehrere Fruchtkörper eines Lackporlings in einer Höhlung mit Gewindestangen

Abb. 136: Ältere Konsole eines Lackporlings am Stammfuß einer Rot-Eiche

Lackporlinge verursachen eine Weißfäule im Splint- und Kernholz des unteren Stammes, des Stammfußes und der Wurzeln (Abb. 135 und 136). Die Fäule ist bei Eiche meist über lange Zeit lokal begrenzt. Trotzdem kann die Verkehrssicherheit beeinträchtigt sein (→ Rosskastanie, S. 287).

Tropfender Schillerporling
(*Inonotus dryadeus*)

Es werden ältere Eichen befallen. Die einjährigen Fruchtkörper treten vom Sommer bis zum Herbst am Stammfuß auf, wobei sie nicht in jedem Jahr und typischerweise nicht immer an ein und derselben Stelle erscheinen. Es sind bis zu 40 cm breite und mehrere Zentimeter dicke Konsolen (Abb. 137). Anfangs ist die höckerige Oberseite orange-braun gefärbt und mit einem feinen Filz bedeckt; während der Wachstumsphase treten dort zahlreiche Tropfen hervor (Abb. 138). Die feinporige Unterseite ist weißgrau gefärbt. Abgestorbene Fruchtkörper sind schwärzlich.

Der Pilz verursacht eine Weißfäule im Splintholz, die ihren Schwerpunkt im Wurzelstock hat. Teilweise kann sich die Fäule bis in den Stammfuß und in die Wurzelanläufe hineinziehen. Hierbei ist zu berücksichtigen, dass der Splint

Abb. 137: Zusammengewachsene Fruchtkörper des Tropfenden Schillerporlings

Abb. 138: Ein frischer Fruchtkörper des Tropfenden Schillerporlings mit den typischen Tropfen; darunter ein vergangener Fruchtkörper aus dem Vorjahr

in diesem Bereich sehr breit ist, da der Kernholzanteil im Stammfuß und in den Wurzeln geringer ist als im Stamm. Aus diesem Grund kann der Holzabbau größere Bereiche des Holzkörpers umfassen. Die Fäule schreitet zwar normalerweise sehr langsam voran, doch kann trotzdem die Stand- und Bruchsicherheit beeinträchtigt sein, so dass z. B. eine Baumuntersuchung erforderlich sein kann.

Hallimasch

(*Armillaria* spp.)

Der Hallimasch tritt an Eichen besonders häufig in wald- und parkartigen Beständen auf. Der Pilz befällt sowohl ältere als auch jüngere Eichen; Voraussetzung hierfür ist eine Schwächung des Baumes, z. B. Vergreisung, Trockenstress oder Staunässe. An Eiche verursacht der Pilz eine Weißfäule mit

Schwerpunkt im Wurzelstock. Auf einen Befall wird man entweder durch die Fruchtkörper, durch abgestorbene Rindenpartien und/ oder Rhizomorphen aufmerksam (Abb. 139–141; → Mehlbeere, S. 196).

Abb. 139: Abgestorbene Rindenbereiche am Stammfuß einer Stiel-Eiche, verursacht durch einen Hallimaschbefall

Abb. 140: Rhizomorphen des Hallimasch unter abgestorbener Rinde

Abb. 141: Die Fruchtkörper des Hallimasch erscheinen oft sehr zahlreich

Klapperschwamm
(*Grifola frondosa*)

Die einjährigen Fruchtkörper dieses Pilzes erscheinen vom Sommer bis zum Herbst am Stammfuß älterer Eichen; sie treten nicht in jedem Jahr auf. Es handelt sich um büschelige Fruchtkörper-Horste, die einen Durchmesser von bis zu 50 cm erreichen können (Abb. 142). Der einzelne fächer- bis halbkreisförmige Hut wird bis zu 10 cm breit und 5 mm dick. Die Oberseite ist ocker- bis graubraun gefärbt und zeigt schwache radiale Streifen und Furchen; die porige Unterseite ist weißlich (Abb. 143). Das Fleisch hat eine faserige Konsistenz und riecht im getrockneten Zustand sehr unangenehm.

Der Pilz verursacht eine Weißfäule im Wurzelstock und im Stammfuß, die oftmals über lange Zeit lokal begrenzt ist. Durch eine Baumuntersuchung kann der Umfang der Fäule ermittelt werden.

Der Pilz ist in der Lage, sich über Wurzelverwachsungen auszubreiten, weshalb ein Befall auch an benachbarten Bäumen auftreten kann. Der Klapperschwamm kann mit dem Riesenporling (→ Buche, S. 82) verwechselt werden, der vereinzelt an Rot-Eiche vorkommt.

Abb. 142: Fruchtkörper-Horst des Klapperschwamms am Stammfuß einer Stiel-Eiche

Abb. 143: Die Fruchtkörperunterseite des Klapperschwamms ist im frischen Zustand weißlich

5. Esche (*Fraxinus*)

Seite

Schadsymptome und Auffälligkeiten

an Blättern und Trieben:

an Ästen und am Stamm:

am Stammfuß und an Wurzeln:

Verbreitung und Verwendung

Die Gattung *Fraxinus* besteht aus etwa 70 sommergrünen Arten, die alle auf der Nordhalbkugel und dort vor allem in der gemäßigten Zone verbreitet sind (vorwiegend in Asien und Nordamerika). In Europa sind lediglich vier Arten beheimatet, von denen die Gemeine Esche (*F. excelsior*) und die Blumen-Esche (*F. ornus*) die größte Bedeutung haben. Als Straßenbaum wird praktisch ausschließlich die Gemeine Esche mit ihren verschiedenen Sorten verwendet, die auch als Wald- und Parkbaum sowie als Gehölz für die freie Landschaft eine Rolle spielt. Die nachfolgenden Ausführungen beziehen sich deshalb im Wesentlichen auf die Gemeine Esche.

Der Zierwert der Eschen liegt in erster Linie in ihrem Habitus. Als Solitärgehölze entwickeln sie sehr große, ausladende Kronen, als Alleebäume bilden sie durch ihre langschäftigen Stämme hohe und zudem sehr lichte Baumtunnel.

In der Jugend ist die Esche sehr schnellwüchsig. Dies kommt ihr insbesondere in dichten Beständen zugute, wo sie das Dickenwachstum zugunsten des Längenwachstums zurückstellt und sich so gegenüber anderen Arten einen Vorsprung verschaffen kann.

Eschen bevorzugen nährstoffreiche, tiefgründige und gut durchlüftete, feuchte bis frische Böden. Wenn eine ausreichende Nährstoffversorgung gewährleistet ist, können sie sich jedoch sehr gut an verschiedenste Standortbedingungen anpassen. Nur gegenüber Bodenverdichtungen sind Eschen empfindlich, da sie stark verdichtete Bodenschichten nicht durchwurzeln können.

Baumbiologie

Die Lebenserwartung der Esche beträgt meist nicht mehr als 200 Jahre. Eschen gehören zu den Baumarten, die im Stamminnern häufig einen Falschkern ausbilden. Hierbei handelt es sich um eine bräunliche bis olivfarbene Verfärbung, deren Ausbreitung unregelmäßig und nach außen nicht an Jahrringgrenzen gebunden ist. Bei Esche besitzt der Falschkern ein unregelmäßig gestreiftes Aussehen; aufgrund seiner Ähnlichkeit mit Olivenbaumholz wird er auch als Olivkern bezeichnet. Der Falschkern hebt sich deutlich vom außen liegenden weißlichen Holz ab, wobei der Übergang zwischen beiden Bereichen nicht immer scharf abgegrenzt ist (Abb. 144). Das Holz des Falschkerns hat im Gegensatz zum echten Kernholz (→ Eiche, S. 88) keine erhöhte natürliche Resistenz.

Eschen besitzen ein ringporiges Holz, d. h., die im Frühjahr gebildeten Gefäße sind wesentlich größer als die später im Jahr gebildeten. Sowohl die Frühholzgefäße als auch die Jahrringgrenzen sind bereits mit bloßem Auge erkennbar. Da bei Esche der Wassertransport nahezu ausschließlich im jüngsten Jahrring erfolgt und dieser im Frühjahr erst gebildet werden muss, bevor ein Wassertransport erfolgen kann, treibt die Esche sehr spät aus, teilweise sogar erst im Juni. Gemeinsam mit der Eiche zeigt sie von allen einheimischen Baumarten den spätesten Laubaustrieb.

Hinsichtlich der Wundreaktionen nach Verletzung zählen Eschen zu den schwach abschottenden Baumarten. Während kleine Wunden meist noch engräumig abgeschottet werden, nimmt die Effektivität der Abschottung mit zunehmender Wundgröße deutlich ab. Dies ist vor allem dann der Fall, wenn Wunden bis in den Falschkern reichen.

Abb. 144: Die Esche weist im Stamminnern häufig einen Falschkern auf, der aufgrund seiner Farbe auch als Olivkern bezeichnet wird

Schadsymptome und Auffälligkeiten an Blättern und Trieben

Fraßschäden durch Eschenrüsselkäfer

(*Cionus fraxini*)

An den Blättern sind unregelmäßig ausgeformte Fraßschäden erkennbar, die überwiegend auf die Bereiche zwischen den Blattadern beschränkt sind (Abb. 145). Verursacht werden diese Schäden sowohl durch die beinlosen, grünlichgelben Larven mit schwarzem Kopf, die auf der Blattunterseite fressen, als auch durch die erwachsenen, etwa 3,5 mm langen rotbraunen Käfer, die einen Lochfraß verursachen. Während bei Altbäumen ein Befall keine nennenswerten Schäden verursacht, kann bei Jungbäumen ein stärkeres Vorkommen eine Bekämpfung erforderlich machen, da die Bäume sonst geschwächt werden. Ob bzw. welche Pflanzenschutzmittel zur Verfügung stehen, kann bei der zuständigen amtlichen Pflanzenschutzstelle erfragt werden.

Abb. 145: Fraßschäden durch Eschenrüsselkäfer – hier ein Schabefraß durch die Larven

Eschentriebsterben/ Eschenwelke
(*Hymenoscyphus fraxineus*, syn. *H. pseudoalbidus*)

Die Knospen befallener Eschen treiben im Frühjahr nicht mehr aus. Im weiteren Verlauf kommt es zum Welken und Verbräunen von Blättern, wobei das Blatt über einen längeren Zeitraum noch am Trieb anhaften kann. Betroffene Triebe, Äste bzw. Stämme bei Jungbäumen zeigen beige-braune bis orange-braune Rindennekrosen (Abb. 146) sowie blaugraue bis dunkelbraune Verfärbungen im Holz. Unterhalb der Nekrosen treiben im selben oder darauffolgenden Jahr schlafende Knospen aus und führen damit zu einer Verbuschung der betroffenen Kronenteile (Abb. 147 und 148). Befallen werden vor allem *Fraxinus excelsior* (Gemeine Esche) und *F. angustifolia* (Schmalblättrige Esche), wenig gefährdet sind beispielsweise *F. ornus* (Blumenesche) und *F. pennsylvanica* (Rot-Esche).

Verursacht werden diese Schäden durch das Falsche Weiße Stengelbecherchen (*Hymenoscyphus fraxi-*

Abb. 146: Rindennekrose durch Eschentriebsterben am Stamm einer jungen Esche

Abb. 147: Abgestorbene Triebspitze mit Neuaustrieb in der seitlichen Krone

Abb. 148: Eschentriebsterben in der gesamten Krone und Verbuschung durch Ersatztriebe

neus), bei dem es sich um einen aus Asien eingeschleppten Schlauchpilz handelt. Der Pilz bildet im Laufe des Sommers an den infizierten Blättern, hauptsächlich an den Blattspindeln, zahlreiche 3–8 mm große, weiße, becherartige Fruchtkörper aus. Der Pilz überwintert in den Spindeln des Falllaubs.

Die durch Wind verbreiteten Sporen infizieren die Blätter, hier breitet sich das Mycel aus und dringt über den Blattstiel in die Triebe ein, wo dann die o.g. Rindennekrosen entstehen. Es können auch stärkere Äste befallen werden, an Jungbäumen sogar der Stamm. Zusätzlich kann es insbesondere auf feuchten Standorten an befallenen Bäumen am Stammfuß zu Nekrosen kommen. Derartig geschädigte Eschen zeigen häufig zudem Befälle von sekundären Schadorganismen, z. B. vom Hallimasch (→ Mehlbeere, S. 196) sowie Lackporling (→ Rosskastanie, S. 287).

Wirkungsvolle Bekämpfungsmaßnahmen stehen nicht zur Verfügung. Hilfreich kann das regelmäßige Entfernen des Falllaubes sein, um den Befallsdruck zu mindern. Allerdings verbreiten sich die Sporen über sehr große Distanzen, so dass kaum eine befallsfreie Zone geschaffen werden kann.

Bei Eschen mit einer starken Totholzbildung muss aus Gründen der Verkehrssicherungspflicht eine Totholzentfernung oder Kronenpflege durchgeführt werden. Bei sehr umfangreichen Befällen verbleibt meist nur die Fällung.

Schadsymptome und Auffälligkeiten an Ästen und am Stamm

Totholz

Eschen bilden häufig durch Verschattung stärkere Totäste aus, und zwar in unteren und inneren Kronenbereichen (Abb. 149). Meist sind die Totäste sehr lang und brechen als Ganzes aus der Krone heraus. Zur Herstellung der Bruchsicherheit müssen unabhängig von der Art der Totholzentstehung stärkere Totäste (Durchmesser an der Astbasis ab etwa 5 cm) entfernt werden.

Abb. 149: Totast in der Krone einer Esche

Grünastabbrüche/ Windbruchschäden

An Eschen kann es vereinzelt zum Abbruch lebender Äste kommen (Abb. 150). Hierbei kann es sich sowohl um Grünastabbrüche infolge von Trockenheit als auch um Windbruchschäden handeln (→ Pappel, S. 210).

Abb. 150: Abbruch eines belaubten Astes im Sommer

Unglücksbalken

In unteren Kronenbereichen entwickeln sich häufig weit ausladende Hauptkronenäste, die zunächst mehr oder weniger waagerecht vom Stamm abzweigen und sich anschließend nach oben krümmen. Diese Äste werden als Unglücksbalken bezeichnet (Abb. 151). Durch die Wuchsform wirkt auf den gebogenen Astbereich eine große Last ein, so dass sich im Bereich der Biegung ein Längsriss bilden kann. Hierdurch kann es zu einem Auseinanderbrechen bzw. Abdrehen des Astes kommen. Hat sich ein Riss gebildet, auch wenn dieser nur einseitig oder kurz ist, besteht Handlungsbedarf, da die Bruchsicherheit beeinträchtigt ist. Sinnvoll kann in diesem Fall der Einbau einer Kronensicherung oder die Entlastung des betreffenden Kronenteils durch Schnittmaßnahmen sein.

An Esche ragen die Unglücksbalken häufig aus dem Kronenmantel heraus, wodurch eine Asymmetrie der Krone entsteht. Dies kann eine verstärkte Windbruchgefahr (z. B. durch Torsion) zur Folge haben. Jungbäume sollten daher durch einen Erziehungsschnitt, Altbäume durch eine möglichst frühzeitige Einkürzung von Kronenteilen korrigiert werden.

Abb. 151: Typischer Unglücksbalken bei Esche

Vergabelungen mit eingewachsener Rinde/Zwiesel

Eschen besitzen häufiger V-förmige Vergabelungen mit eingewachsener Rinde (→ Buche, S. 66). Dies ist meist zwischen zwei gleichberechtigten Stämmlingen der Fall, selten zwischen Ast und Stamm (Abb. 152). An Eschen reißen diese Vergabelungen oft über mehrere Meter ein.

Abb. 152: Vergabelung mit eingewachsener Rinde und Riss – hier besteht Handlungsbedarf

Ausbruchswunden

An Eschen können auffallend lange Ausbruchswunden vorhanden sein (Abb. 153). Dies ist darauf zurückzuführen, dass V-förmige Vergabelungen mit eingewachsener Rinde über mehrere Meter einreißen können, bevor es zum Ausbruch kommt (→ Buche, S. 70). An Eschen ist die Größe dieser Wunden in Verbindung mit der schwachen Abschottung besonders kritisch einzustufen.

Abb. 153: Lange Ausbruchswunde an Esche infolge einer eingerissenen Vergabelung zwischen zwei Stämmlingen

Abb. 154:
Spechtloch mit Höhlung an einem Stämmling

Spechtlöcher/Nisthöhlen

Befinden sich an Eschen im Stamm oder in Stämmlingen Spechtlöcher oder andere Öffnungen von Nisthöhlen (Abb. 154), deutet dies auf eine Fäule im Holzkörper hin (→ Eiche, S. 97). Bei Eschen handelt es sich meist dann um sehr umfangreiche Fäulen.

Rindenwucherungen durch Eschenbastkäfer
(*Hylesinus crenatus*)

Rindenwucherungen oder rissige Überwallungen an Stämmen (sog. „Eschenrosen" oder „Eschengrind") werden durch den Fraß folgender Käfer verursacht: Großer schwarzer Eschenbastkäfer (*Hylesinus crenatus*), Kleiner schwarzer Eschenbastkäfer (*Hylesinus oleiperda*) und Bunter Eschenbastkäfer (*Leperisinus varius*). Während der Bunte Eschenbastkäfer nur in noch grüne und unverborkte Rindenbereiche eindringt und daher meist den Stamm jüngerer Bäume oder Äste von Altbäumen angreift, sind die beiden anderen Vertreter in der Lage, auch dickborkigere Stämme von Altbäumen zu befallen.

Die Weibchen bohren sich zur Eiablage in die Rinde geschwächter Bäume. Durch ihre Fraßaktivität und die sich entwickelnden Larven können umfangreiche Schäden im Bast und Splintholz entstehen. Die Fraßgänge werden nach dem Anschneiden der Rinde erkennbar, und zwar i. d. R. ein Quergang (Muttergang) sowie mehrere, in Längs- und Querrichtung verlaufende Larvengänge (Abb. 155). Die Verpuppung erfolgt im Splint oder Bast; anschließend bohren sich die Jungkäfer aus der Rinde und suchen neue Wirtsbäume auf. Die Flugzeit liegt in der Zeit etwa von März – Mai und/oder Juni – August. Die erwachsenen Käfer sind 3–6 mm lang, schwarz gefärbt und besitzen z. T. rotbraune Flügeldecken. Die Entwicklung der Käfer verläuft innerhalb eines Jahres oder über zwei Jahre. Durch die Fraßaktivität der Eschenbastkäfer können Jungbäume stark geschädigt werden, bis hin zum Absterben des gesamten Baumes. An älteren Eschen entsteht eine Bruchgefahr, wenn größere Äste oder Stammbereiche abgestorben sind. Eine chemische Bekämpfung des Käfers ist nur während der Flugzeit möglich. Welche Mittel zur Verfügung stehen, kann bei der zuständigen amtlichen Pflanzenschutzstelle erfragt werden.

Abb. 155: Fraßgänge durch den Eschenbastkäfer auf der Innenseite einer abgelösten Rindenpartie

Eschenkrebs

Vor allem in wald- und parkartigen Beständen, selten an Straßenbäumen, können an Ästen und am Stamm der Esche bis zu mehrere Dezimeter breite Rindenaufplatzungen und Rindennekrosen auftreten. Hierbei handelt es sich um eine Krebserkrankung der Esche, die durch einen pilzlichen oder einen bakteriellen Erreger verursacht werden kann.

Der durch den pilzlichen Erreger *Neonectria galligena* verursachte *Nectria*-Krebs beginnt i. d. R. im Bereich eines ehemaligen Astansatzes. Hier kommt es zur Ausbildung von oval geformten Rinden- und Kambialnekrosen. Abwehrreaktion des Baumes ist, diese Stellen von den Seiten zu überwallen (Abb. 156). Im Laufe der Zeit entstehen bis zu 30 cm breite und mehrere Zentimeter tiefe, offene Wunden. Die roten, stecknadelkopfgroßen Fruchtkörper des Pilzes sind meist auf den abgetöteten Wundrändern erkennbar. Durch die Krebserkrankung tritt zwar keine direkte Beeinträchtigung des Baumes ein, doch werden durch die Wunden Eintrittspforten für holzzerstörende

Abb. 156: *Nectria*-Krebs an Esche

Abb. 157: Bakterien-Krebs an einer jüngeren Esche

Pilze geschaffen (z. B. → Schuppiger Porling, S. 130 oder → Zottiger Schillerporling, S. 129). Eine Bekämpfung der Krebserkrankungen ist nicht möglich. Um den Befallsdruck im Bestand zu reduzieren, sollten befallene Bäume entfernt werden.

Bei den durch das Bakterium *Pseudomonas savastanoi* verursachten Befallsstellen des Bakterien-Krebses handelt es sich um ungleichmäßige, nach außen ausgebildete Wucherungen mit einer korkartigen Konsistenz (Abb. 157). Eintrittspforten für die Bakterien sind sowohl Wunden als auch Lentizellen und Blattnarben. Das ungleichmäßige Erscheinungsbild entsteht dadurch, dass die Überwallung der Wunden immer wieder durch die Bakterientätigkeit in der Rinde gestört wird. Eine Bekämpfung dieser Krebserkrankung ist ebenfalls nicht möglich, so dass zur Reduzierung des Befallsdrucks nur die Entfernung befallener Bäume bleibt sowie die Verwendung resistenter Klone. Verwechselt werden kann der Bakterienkrebs im frischen Stadium mit den vom → Eschenbastkäfer (S. 124) verursachten Schäden.

Löcher in der Borke durch den Asiatischen Eschenprachtkäfer (*Agrilus planipennis*)

Der Asiatische Eschenprachtkäfer ist eine ursprünglich aus Ostasien stammende Prachtkäferart. Im Jahre 2002 wurde dieser Käfer als ursächlicher Schadorganismus für das Absterben zahlreicher Eschen in Nordamerika identifiziert und konnte bisher nicht ausgerottet werden. Es wird vermutet, dass diese Spezies mit Verpackungsholz aus Esche bereits in den 1980er Jahren aus Asien in die USA eingeschleppt wurde. Im Jahre 2007 wurde der Käfer auch in der Umgebung von Moskau an absterbenden Rot-Eschen (*Fraxinus pennsylvanica*) sowie an der bei uns heimischen Esche (*Fraxinus excelsior*) entdeckt. Bislang werden dort kaum Bekämpfungs- bzw. Ausrottungsmaßnahmen durchgeführt. Es ist zu befürchten, dass der invasive Schädling andere Teile Europas in Kürze erreichen wird. Die natürliche Ausbreitungsgeschwindigkeit beträgt ca. 40 km pro Jahr. Durch Holztransporte kann diese jedoch deutlich beschleunigt werden. In der EU wurde der Eschenprachtkäfer bisher (2017) nicht vorgefunden. Das Risiko seiner Einschleppung wird jedoch als hoch angesehen, so dass der Käfer von der Europäischen Pflanzenschutzorganisation (EPPO) als Quarantäneschadorganismus eingestuft wurde. Bei einer Einschleppung sind enorme ökonomische und ökologische Schäden zu erwarten. Es erscheint daher sinnvoll, Schadsymptomen, die denen des Asiatischen Eschenprachtkäfers ähneln, detaillierter nachzugehen, um eine eventuelle Einschleppung des Käfers nach Mitteleuropa frühzeitig zu erkennen. Hilfestellungen bei der Diagnose können dabei auch die Pflanzenschutzämter bieten.

Der Asiatische Eschenprachtkäfer ist etwa 8–15 mm lang und gut 3 mm breit, hat einen langestreckten Körper und glänzt (smaragd) grün-metallisch (engl. „Emerald Ash Borer“, EAB; Abb. 158). Der Käfer ähnelt dem in Europa heimischen Zweipunktigen Eichenprachtkäfer (*Agrilus biguttatus*). Die Larven sind wie andere *Agrilus*-Arten, creme-weiß gefärbt, stark segmentiert, haben eine flache Form und besitzen ein Paar braune, zangenartige Fortsätze am Hinterleibsegment. Die ausgewachsenen Larven sind zwischen 26 und 32 mm lang.

Die Eiablage erfolgt in Rindenrissen. Nach dem Schlüpfen bohren sich die Junglarven in die Kambiumschicht zwischen Rinde und Holzteil, wo sie im Bereich der inneren Rinde serpentinenartige

Abb. 158: Der Asiatische Eschenprachtkäfer an Esche (Foto: Thomas Schröder)

Gänge anlegen. Durch den Fraß der Larven werden das Kambium und die Bastschicht sowie partiell auch der Splint zerstört. Der Käfer schlüpft im Frühjahr aus und hinterlässt D-förmige Ausbohrlöcher. Beim Entfernen der Rinde im Bereich der Löcher kommen die für Prachtkäfer typischen Gänge zum Vorschein, die mit Fraßmehl gefüllt sind.

Der Asiatische Eschenprachtkäfer besiedelt sowohl gesunde als auch vorgeschädigte Bäume und bevorzugt überwiegend Eschen. Während die meisten ostasiatischen Baumarten nur wenig geschädigt werden, hat der Befall bei den Eschenarten auf dem amerikanischen Kontinent inzwischen sehr schwerwiegende Folgen. Bei umfangreichen Schäden beginnt der betroffene Baum zu welken und stirbt häufig innerhalb weniger Jahre ab.

Zottiger Schillerporling

(*Inonotus hispidus*)

Die Fruchtkörper dieses Pilzes erscheinen an älteren Eschen in höher gelegenen Stammbereichen oder an stärkeren Ästen, häufiger auch an augenscheinlich intakten Ast- oder Stammpartien (Abb. 159–161). Der Pilz verursacht an Esche eine Weiß- und/oder Moderfäule, die – im Vergleich zu Platane – als aggressiver einzuschätzen ist (→ Platane, S. 241). Dies wird darauf zurückgeführt, dass der Pilz die schwachen Abschottungszonen der Esche leichter überwinden kann und dass die

Abb. 159: Frische Fruchtkörper des Zottigen Schillerporlings

Holzstrahlen, die z. B. bei Platane nicht abgebaut werden, die Ausbreitung der Fäule kaum hemmen können.

Abb. 160: Alte Fruchtkörper vom Zottigen Schillerporling; sie haben sich direkt aus der Rinde entwickelt

Schuppiger Porling
(*Polyporus squamosus*)

Die Fruchtkörper erscheinen an Esche vor allem am Stamm, seltener an stärkeren Ästen (Abb. 162). An älteren Eschen treten sie auch aus augenscheinlich intakten Stammbereichen hervor.

Abb. 161: Eingesunkene Stammpartie durch mangelndes Dickenwachstum; in diesem Bereich wurde das Kambium durch den Zottigen Schillerporling abgetötet und der Baum versucht nun den Schaden von den Seiten her zu überwallen

Abb. 162: Fruchtkörper des Schuppigen Porlings

Dies ist stets ein Anzeichen für einen umfangreicheren Befall (→ Ahorn, S. 25).

Stammrisse

Ältere Bäume, vor allem solche mit größeren, eingefaulten Astungswunden oder Kappstellen, zeigen am Stamm oft in Längsrichtung verlaufende Risse (Abb. 163). Ursächlich für Stammrisse sind i. d. R. Schwachstellen im Holzkörper (z. B. alte Wunden), die im Winter aufgrund der thermischen Kontraktion ein Aufreißen bzw. Weiterreißen des Stammes von innen nach außen bewirken – sie werden daher häufig auch als „Frostrisse" bezeichnet. Erst dann, wenn ein Riss das Kambium und die Rinde erreicht, wird er von außen als Stammriss erkennbar. Dabei ist der Riss im Innern stets länger als er äußerlich erkennbar ist. An den Wundrändern des Risses entstehen Überwallungswülste, durch die der Riss verschlossen werden kann. Durch Frosteinwirkung platzen überwallte Risse jedoch häufig wieder auf. Durch mehrmaliges Überwallen und Aufplatzen entstehen rippenartige Gebilde, die auch als „Frostleisten“ bezeichnet werden (Abb. 164). Hinsichtlich der Verkehrssicherheit ist zu prüfen, ob ein zusätzlicher Defekt vorliegt, z. B. eine umfangreiche Fäule im Stamminnern oder ein Schrägstand. Hierdurch ist beispielsweise die Gefahr eines Torsionsbruchs, d. h. ein Abdrehen des Stammes im Bereich der Schäden, erhöht. Verwechselt werden können Stammrisse bei Eschen mit Wachstumsrissen, die sich ausschließlich in der Borke befinden und kein Anzeichen für einen Schaden sind.

Typisch für Esche sind mehrere, leicht versetzt stehende Risse. Häufig zeigen die Stammrisse auch einen nässenden Ausfluss.

Abb. 163: Stammriss an einer Gewöhnlichen Esche

Abb. 164: Nässender Stammriss mit Rippenbildung an Esche

Schadsymptome und Auffälligkeiten am Stammfuß und an Wurzeln

Stammfußnekrosen als Folge des Eschentriebsterbens

Ausgelöst durch einen Befall mit dem → Eschentriebsterben (S. 119) in der Krone kann es im Stammfußbereich befallener Bäume zu Nekrosen kommen, die von holzzerstörenden Pilzen besiedelt werden (Abb. 165). Besonders durch Befälle mit dem Hallimasch (→ Mehlbeere, S. 196) und dem Lackporling (→ Rosskastanie, S. 219) kann die Verkehrssicherheit der Bäume eingeschränkt sein. Dieses Phänomen wurde bereits für Waldbäume beschrieben und hat auch für den kommunalen Bereich Bedeutung.

Insbesondere auf feuchten Standorten werden solche Stammfußnekrosen häufiger festgestellt. Hier ist das Kambium abgestorben und der Holzkörper keilförmig in Richtung Stammmitte verfärbt. Es entsteht nachfolgend eine umfangreiche Fäule und es besteht die Möglichkeit einer eingeschränkten Verkehrssicherheit durch eine reduzierte Bruch- und/oder Standsicherheit. Problematisch für die Baumkontrolle ist, dass diese nekrotischen Bereiche häufig nur schwer erkennbar sind und daher leicht übersehen werden können. Die abgestorbene Rinde erscheint unauffällig und zudem sind die Stammfüße auf feuchten Standorten häufig mit Moos überwachsen. Hilfreich ist hier der Einsatz von einfachen Werkzeugen, wie z. B. Schonhammer, Hippe oder Wund-Untersuchungsbohrer. Bei einem umfangreichen Befall müssen solche Bäume aus Gründen der Verkehrssicherungspflicht gefällt werden.

Abb. 165: Stammfußnekrose und Pilzfruchtkörper eines Lackporlings

Stockfäule ohne vorhandene Pilzfruchtkörper

Eschen neigen in höherem Alter zu Fäulen im Stammfuß und Wurzelstock (Abb. 166 und 167). Dabei wird das Erkennen einer Stockfäule dadurch erschwert, dass sich oftmals keine Fruchtkörper des verursachenden Pilzes zeigen.

Ein Hinweis auf eine Fäule kann z. B. eine Stammfußverdickung sein, auch Flaschenhals oder Fußglocke genannt. Eine solche Verdickung ist jedoch typisch für ältere Eschen und stellt allein kein Anzeichen für einen Schaden dar (→ Stammfußausformung und flachstreichende Wurzeln, S. 135). Starke Verdickungen können jedoch darauf hindeuten, dass im Wurzelstock bzw. im unteren Stamm eine Fäule vorliegt. Der Baum versucht durch einen verstärkten Holzzuwachs im äußeren Bereich den im Innern stattfindenden Holzabbau auszugleichen (sog. Kompensationswachstum). Kann der Baum dem Holzabbau nicht mehr ausreichend neu gebildetes Holz entgegensetzen – z. B. bei Schwachwüchsigkeit oder einer aggressiven Fäule –, wird die Restwandstärke in diesem Bereich immer geringer, so dass die Verkehrssicherheit beeinträchtigt werden kann.

Abb. 166: Höhlung und Fäule im Stammfuß einer Esche ohne Pilzfruchtkörper

Abb. 167: Die Stockfäule reicht hier bis in den unteren Stamm

Weitere Anzeichen für eine Fäule können abgestorbene Rindenpartien oder auch Höhlungsöffnungen sein. Bei Anzeichen für eine Fäule besteht Handlungsbedarf. Hierbei kann bereits durch eine Klangprobe eine erste Aussage über den Zustand des Holzkörpers gewonnen werden. An Esche können als Fäuleerreger z. B. Lackporling (→ Rosskastanie, S. 287 oder Hallimasch (→ Mehlbeere, S. 196) in Frage kommen.

Stammfußausformung und flachstreichende Wurzeln

Eschen bilden in den ersten Lebensjahren ein Pfahlwurzelsystem aus. Später entwickelt sich ein Senkerwurzelsystem mit sehr kräftigen und flach streichenden Hauptseitenwurzeln. Hierbei entwickeln sich insbesondere auf verdichteten Standorten oft breite, wulstige und flach auslaufende Wurzelanläufe (Abb. 168). Dieses Phänomen ist zwar auffällig, deutet allein jedoch nicht auf eine Stockfäule hin (→

Abb. 168: Typische Stammfußausformung auf einem innerstädtischen Standort

Stockfäule ohne vorhandene Pilzfruchtkörper, S. 134).

Infolge der flach- und auch weitstreichenden Wurzeln bereiten Eschen im städtischen Bereich immer wieder Probleme durch die Ausbildung sog. Stolperwurzeln oder durch das Anheben von Gehwegbelägen. Insbesondere unter Gehwegplatten oder auch Asphaltbelägen sind meist viele Wurzeln zu finden. Sobald Wegebeläge deutlich aufgeworfen sind und eine akute Stolpergefahr besteht, müssen Maßnahmen zur Beseitigung der Gefahr eingeleitet werden, z. B. durch den Einbau wassergebundener Wegebeläge oder durch den Einbau von Wurzelbrücken.

Reste von Pilzfruchtkörpern auf dem Boden

In Stammnähe älterer Eschen liegen häufiger schwärzliche Reste von Pilzfruchtkörpern auf dem Boden (Abb. 169). Hierbei kann es sich um die abgestorbenen Fruchtkörper des → Zottigen Schillerporlings handeln, die aus höher gelegenen Stammbereichen heruntergefallen sind (S. 129).

Abb. 169: Alte, heruntergefallene Fruchtkörper des Zottigen Schillerporlings im Baumumfeld – ein Anzeichen für eine Fäule im oberen Stamm oder in Kronenästen

6. Hainbuche (*Carpinus*)

Schadsymptome und Auffälligkeiten

Verbreitung und Verwendung

Zur Gattung *Carpinus* zählen 26 sommergrüne Arten, bei denen es sich meist um Bäume, seltener um Sträucher handelt. Sie sind in Europa, Asien, Nord- und Mittelamerika beheimatet. In Europa steht die Gewöhnliche Hainbuche (*C. betulus*) mit ihren Sorten im Vordergrund.

Auffallend an Hainbuchen sind die dicht verzweigten, straff aufrecht wachsenden Kronen, der gleichmäßige Habitus sowie die buchtig gewachsenen, grauen Stämme. Sie finden als Gruppen- und Solitärgehölze in Gärten und Parkanlagen sowie als Landschaftsgehölze Verwendung. Aufgrund ihres hohen Ausschlagvermögens werden sie häufig auch als Heckenpflanzen eingesetzt. Als Straßenbäume werden meist nur schmalkronige Sorten gepflanzt.

Hainbuchen haben keine hohen Standortansprüche und gedeihen sowohl an sonnigen als auch an schattigen Standorten sowie auf fast allen Böden. Sie vertragen sowohl Trockenheit als auch höhere Grundwasserstände und sogar kurzzeitige Überschwemmungen. Sie sind wind- und hitzeverträglich, weshalb sie insbesondere für städtische Standorte geeignet sind.

Baumbiologie

Hainbuchen können etwa 150 Jahre alt werden. Sie haben ein sehr hartes, gelblich- bis grauweißes Holz (Abb. 170). Es wird weder ein echtes Kernholz noch ein Falschkern ausgebildet, d. h., ein

Abb. 170: Hainbuche hat ein helles Holz, wobei weder echtes Kernholz noch ein Falschkern gebildet wird; an diesem Querschnitt ist eingewachsene Rinde zwischen Stämmlingen erkennbar

Querschnitt durch den Holzkörper zeigt ausschließlich helles Holz. Die Gefäße sind sehr fein und erst mit einer Lupe erkennbar; ihre Anordnung ist zerstreutporig. Die Jahrringgrenzen sind meist wellig und nur undeutlich ausgeprägt.

Hainbuchen zählen zu den effektiv abschottenden Baumarten. Trotzdem können unterhalb von Wunden häufiger → Totstreifen auftreten (S. 141). Nach Verletzungen im Spätwinter bzw. kurz vor Beginn der Vegetationsperiode zeigt sich für mehrere Tage bis Wochen ein Saftaustritt aus der Wunde, das sog. „Bluten" (→ Ahorn, S. 14).

Abb. 171: Weißlicher Belag auf der Blattoberseite durch Echte Mehltaupilze an Hainbuche

Schadsymptome und Auffälligkeiten an Blättern und Trieben

Blattschäden durch Echte Mehltaupilze

(*Phyllactinia guttata*)

Durch diese Pilzinfektion entstehen auf der Blattoberseite zunächst gelbliche Flecken, später tritt ein weißlicher, abwischbarer Belag auf, und zwar vor allem auf der Blattunterseite (Abb. 171).

Stark befallene Blätter zeigen auch Blattrandnekrosen, rollen sich ein und fallen vorzeitig ab. Bei dem Belag handelt es sich um das Myzel des Pilzes, in dem die schwarzen Fruchtkörper zu erkennen sind (Lupe!). Der Pilz überwintert in den Knospen oder Trieben und befällt von dort im folgenden Jahr das neu gebildete Blatt. Bekämpfungsmaßnahmen sind nicht erforderlich, da der Baum nicht nachhaltig geschädigt wird. Es handelt sich daher in erster Linie um eine optische Beeinträchtigung.

Blattdeformationen durch Hainbuchenmilbe

(*Aceria macrotricha*)

Befallene Blätter zeigen starke Deformationen in Form nach oben eingerollter Blattränder und der Länge nach zickzackartig gefalteten Blättern (Abb. 172). Hierdurch wirken die Blätter auf den ersten Blick welk. Betroffen sind in erster Linie die unteren Triebabschnitte. In den Blattfalten sind zahlreiche kleine, weißliche Gallmilben erkennbar (Lupe!). Es handelt sich um eine auffällige Erkrankung, die aber keine nachhaltigen negativen Auswirkungen auf den Baum hat. Bei einer stärkeren gestalterischen Beeinträchtigung kann ein Rückschnitt der befallenen Zweige erfolgen.

Abb. 172: Blattdeformationen durch die Hainbuchenmilbe

Schadsymptome und Auffälligkeiten an Ästen und am Stamm

Vergabelungen mit eingewachsener Rinde/Zwiesel

Hainbuchen zählen zu den Baumarten, die sich häufig schon in geringer Höhe in zwei oder mehrere Stämmlinge verzweigen. Oftmals handelt es sich dabei um V-förmige Vergabelungen mit eingewachsener Rinde (Abb. 173; → Buche, S. 66). An Säulen-Hainbuche ist dies besonders häufig. Für Hainbuche ist typisch, dass diese Vergabelungen im Gegensatz zu anderen Baumarten (z. B. Buche und Platane) nur sehr selten einreißen und/oder auseinanderbrechen. Gründe hierfür sind vor allem die geringere Kronenausdehnung sowie der weniger waagerechte, sondern mehr nach oben strebende Wuchs.

Abb. 173: Stämmlingsvergabelung mit eingewachsener Rinde

Totstreifen

Am Stamm können abgestorbene Rindenstreifen auftreten, die bis etwa 20 cm breit und bis zu mehreren Metern lang sein können. Meist befinden sie sich in Stammpartien mit geringerem Dickenwachstum (→ Einbuchtungen und Einwallungen, S. 143) und reichen bis in den Wurzelbereich hinein. Ausgangspunkt für derartige Schäden sind i. d. R. Verletzungen in darüber liegenden Stammbereichen, z. B. Astungswunden. Im Bereich der Totstreifen entwickelt sich im Laufe der Zeit eine Fäule, die an Hainbuchen aber normalerweise sowohl in Richtung Stammmitte als auch zu den Seiten engräumig abgeschottet wird. Manchmal sind Fruchtkörper von Wundparasiten vorhanden, wie z. B. von der Schmetterlingstramete (→ Buche, S. 71) oder von dem Runzeligen Schichtpilz (Abb. 174), die beide eine Weißfäule hervorrufen. Reichen die Wunden bis in den Wurzelbereich hinein, ist

Abb. 174: Typischer Totstreifen an einer Hainbuche mit Fruchtkörpern vom Runzeligen Schichtpilz

Abb. 175: Rindenschäden mit Sporenschleim an Hainbuche (Foto: Rolf Kehr)

auch eine Besiedlung beispielseise durch Hallimasch (→ Mehlbeere, S. 196) möglich, der mit Hilfe seiner im Boden wachsenden Rhizomorphen in die Wunde eindringt. Durch eine Baumuntersuchung kann das Ausmaß des Schadens festgestellt werden.

Rindenkrebs/Hainbuchen-Sterben

Aus verschiedenen Regionen Italiens wird seit 2002 über Rindenschäden und Absterbeerscheinungen an Hainbuchen berichtet, die dort aufgrund der starken Schäden auch als Hainbuchen-Sterben bezeichnet werden. Inzwischen wurden auch in mehreren mitteleuropäischen Städten diese Schadbilder an Jung- und Altbäumen beobachtet. Auf der frisch abgestorbenen Rinde bilden sich größere, gelblich bis scharlachrot gefärbte Tropfen, die aus Sporenschleim bestehen (Abb. 175). Die Bäume können am Stamm krebsartige, bereits mehrere Jahre alte Schäden aufweisen, bei denen im Zentrum der Holzkörper z. T. offen liegt. In diesem Bereich befinden sich unter dem Periderm zahlreiche Fruchtkörper eines Pilzes, der morphologisch der Art *Cytospora decipiens* und/oder einer *Endothiella*-Art zugeordnet werden konnte. An den Schäden können diese zwei Pilzarten gemeinsam oder auch einzeln ursächlich beteiligt sein. Beide Arten sind auch seit längerem als Schwächeparasit bekannt. Die Folgen eines Befalls sind großflächige Rindenschäden, Vergilbung des Laubes und Absterben von Kronenteilen oder ganzer Bäume. Es zeigen sich ggf. auch Sekundärschäden durch Holzfäulen und holzbesiedelnde Insekten. Bei umfangreichen Schäden kann auch die Verkehrssicherheit beeinträchtigt sein.

Eine Verwechslungsmöglichkeit hinsichtlich der krebsartigen Schäden besteht bei dem Befall durch den Runzligen Schichtpilz (*Stereum rugosum*), der ebenfalls mehrjährige Kambiumschäden ausbildet, jedoch mit typischen weißen „Schichtpilz"-Fruchtkörpern.

Einbuchtungen und Einwallungen

Hainbuchen besitzen meist einen auffallend gebuchteten Stamm. Dieser Wuchs wird auch als Spannrückigkeit bezeichnet (Abb. 176; → Buche, S. 75). An Hainbuchen treten Einbuchtungen und Einwallungen im Gegensatz zu anderen Baumarten bereits an vergleichsweise jungen Bäumen auf.

Abb. 176: Einbuchtungen und Einwallungen am Stamm sind typisch für Hainbuchen

Schadsymptome und Auffälligkeiten am Stammfuß und an Wurzeln

Stockfäule ohne vorhandene Pilzfruchtkörper

An alten Hainbuchen kann eine Fäule im Stammfuß und Wurzelstock auftreten, wobei sich meist keine Fruchtkörper der verursachenden Pilzart zeigen (→ Esche, S. 134). Derartige Schäden treten vor allem an Hainbuchen mit ungünstigen Standortbedingungen auf, z. B. auf sehr feuchten Standorten (Abb. 177). Hervorgerufen werden die Fäulen z. B. durch Hallimasch (→ Mehlbeere, S. 196), Lackporling (→ Rosskastanie, S. 287) oder Brandkrustenpilz (→ Linde, S. 181).

Abb. 177: Hainbuche mit Höhlungsöffnung und Fäule im Stammfuß

7. Kirsche (*Prunus*)

Seite

Schadsymptome und Auffälligkeiten

an Blättern und Trieben:

an Ästen und am Stamm:

am Stammfuß und an Wurzeln:

Verbreitung und Verwendung

Die Gattung *Prunus* zählt zu einer der vielfältigsten Gehölzgattungen. Sie umfasst etwa 430 Baum- und Straucharten, von denen die meisten sommergrün sind. Sie kommen ausschließlich in der nördlichen gemäßigten Zone vor. Wichtige in Europa heimische Arten sind z. B. Vogel-Kirsche (*P. avium*), Steinweichsel (*P. mahaleb*), Trauben-Kirsche (*P. padus*) und Schlehe (*P. spinosa*). Darüber hinaus werden zahlreiche fremdländische Arten und Sorten verwendet, z. B. Kirsch-Pflaume (*P. cerasifera*), Mahagoni-Kirsche (*P. serrula*), Scharlach-Kirsche (*P. sargentii*) und Nelken-Kirsche (*P. serrulata*).

Die meisten *Prunus*-Arten bestechen durch ihre auffallende Blüte und leuchtende Herbstfärbung und werden dementsprechend häufig als Solitärgehölze oder Gruppenpflanzungen in Gärten und Parkanlagen gepflanzt. Als Straßenbäume werden Kirschen oftmals an Plätzen oder auch in engeren Straßen gepflanzt. Hierdurch kommt es jedoch aufgrund des verhältnismäßig niedrigen Kronenansatzes und der oftmals auseinanderstrebenden Äste häufig zu Problemen mit dem → Lichtraumprofil (→ S. 151). Hinsichtlich der Standortbedingungen bevorzugen Kirschen tiefgründige, nährstoffreiche und frische Böden an sonnigen bis leicht schattigen Standorten.

Baumbiologie

Die Lebenserwartung der einzelnen Arten ist aufgrund der Vielfältigkeit der Gattung sehr unterschiedlich: So kann z. B. die Vogel-Kirsche 80–90 Jahre erreichen und die Trauben-Kirsche etwa 60 Jahre, während viele Zierformen eine deutlich geringere Lebenserwartung haben.

Kirschen besitzen im äußeren Teil des Holzkörpers ein schmales, hellgelbes Splintholz, im Innern ein gelb- bis rötlichbraunes echtes Kernholz (Abb. 178). Es durchzieht den gesamten Stamm und reicht sowohl bis in die stärkeren Äste als auch in den Wurzelstock hinein. Im Kernholz sind alle wasserleitenden und speichernden Zellen außer Funktion gesetzt bzw. abgestorben. Das Gewebe ist durch Kernstoffe „imprägniert“, wodurch es eine erhöhte natürliche Resistenz erhält. Trotzdem sind verschiedene holzzerstörende

Abb. 178: Die Astungswunde an dieser Kirsche zeigt helles Splintholz und das dunkel gefärbte, echte Kernholz

Pilzarten in der Lage, das Kernholz abzubauen (z. B. → Schwefelporling, S. 153).

Die feinen Gefäße sind halbringporig angeordnet, d. h., im Frühholz liegen sie nah beieinander, im Spätholz sind sie deutlich weniger zahlreich und auch lockerer verteilt. Hierdurch sind die Jahrringgrenzen erkennbar.

Kirschen gelten als schwach abschottende Baumart, bei denen auch vergleichsweise kleine Wunden bereits weitreichende Verfärbungen hervorrufen können.

Schadsymptome und Auffälligkeiten an Blättern und Trieben

Blattschäden durch Schrotschusskrankheit

(*Stigmina carpophila*)

Auf den Blattober- und -unterseiten entstehen durch diese pilzliche Erkrankung zunächst kleine bräunliche Flecken, und zwar meist zwischen den Blattadern (Abb. 179). Im Juni entwickelt sich im Bereich der Flecken ein Sporenrasen (Lupe!) aus bräunlichen Konidien (asexuell entstan-

Abb. 179:
Blattschäden durch die Schrotschusskrankheit – das Blattgewebe verbräunt punktuell und fällt heraus, so dass kleine Löcher entstehen

dene Sporen). Später fällt das verbräunte Gewebe heraus, wodurch rundliche Löcher in der Blattfläche entstehen, die der Krankheit den Namen verliehen haben. Zusätzlich können an jungen Trieben längliche, bräunliche und etwas eingesunkene Läsionen entstehen sowie bräunliche Flecken an Blüten und Früchten. Das auffälligste Merkmal der Erkrankung sind jedoch die Blattschäden. Im Frühjahr erfolgt die Neuinfektion vom Falllaub aus, weshalb die Beseitigung des Falllaubes den Befallsdruck mindern kann, obwohl i. d. R. keine Bekämpfung notwendig ist.

Monilia-Triebsterben
(*Monilinia laxa*)

Im Frühjahr zeigen sich an einzelnen Ästen eine plötzliche Welke und Verbräunung der Blüten sowie eine anschließende Triebwelke (Abb. 180 und 181). Verursacher dieser Erkrankung ist der Pilz *Monilinia laxa*, der bei feuchter Witterung über die Blüten in den Trieb eindringt und ihn zum Absterben bringt. Dabei ist der Übergang vom geschädigten zum gesunden Gewebe fließend. Sicherer Hinweis auf einen Befall ist das Auftreten eines grauen Myzels auf der abgestorbenen Rinde

Abb. 180: Typisches Erscheinungsbild bei einem Befall durch das *Monilia*-Triebsterben

befallener Zweige, welches von der Nebenfruchtform *Monilia laxa* gebildet wird. Mit Hilfe des Myzels überdauert der Pilz auch in den infizierten Trieben. Es kann zu schwerwiegenden Schäden in der Krone kommen. Als Bekämpfungsmaßnahme eignet sich das Zurückschneiden infizierter Triebe bis in das gesunde Holz sowie eine chemische Behandlung während der Blüte (zuständige amtliche Pflanzenschutzstelle befragen).

Verwechselt werden kann das Schadbild mit → Welkeerscheinungen durch Bakterienbrand (S. 150) oder mit einem Spätfrostschaden, der an Kirsche häufig vorkommt. Durch Frost wird je-

Abb. 181: Absterbender Seitentrieb durch *Monilia*-Befall

doch oft nur eine Seite der Krone geschädigt und der Übergang vom geschädigten zum gesunden Gewebe ist scharf abgegrenzt.

Welkeerscheinungen durch Bakterienbrand

(*Pseudomonas syringae* [Syn. *P. mors-prunorum*])

An den Trieben werden Blattverfärbungen sowie Welke- und Absterbeerscheinungen erkennbar. Erste Anzeichen dieser Bakterienerkrankung sind Flecken auf der Blattoberseite (Abb. 182). Diese sind zunächst dunkelgrün gefärbt und erscheinen leicht wässrig; später färben sie sich rotbraun, wobei ein heller Hof verbleibt. Im Laufe der Erkrankung treten dunkle, eingesunkene Rindenpartien auf, in deren Bereich beim Anschneiden des Triebes Rindennekrosen zum Vorschein kommen. Diese führen zum Welken und Absterben der oberhalb der Befallsstelle liegenden Triebabschnitte.

Parallel zu den Rindenschäden zeigt sich oftmals auch → Gummifluss (S. 154). Bei Verdacht auf Bakterienbrand sollte ein Labornachweis durch Fachleute erfolgen. Zur Bekämpfung wird das Zurückschneiden infizierter Triebe bis in das gesunde Holz empfohlen, bei sehr starken Befällen auch die Entnahme der gesamten Pflanze. Verwechselt werden kann das Schadbild mit dem des → *Monilia*-Triebsterbens (S. 148).

Abb. 182: Welkeerscheinungen durch Bakterienbrand (Foto: U. Holz)

Schadsymptome und Auffälligkeiten an Ästen und am Stamm

Eingeschränktes Lichtraumprofil

Die Zierformen der Kirsche werden aufgrund ihrer geringeren Kronenausmaße gerne in schmalere Straßen oder Fußgängerzonen gepflanzt. Dies führt aber trotz der kleineren Kronen oftmals zu Problemen mit dem Lichtraumprofil (Abb. 183), und zwar nicht nur im Straßenbereich (erforderliche lichte Höhe von 4,50 m), sondern auch an Geh- und Radwegen (2,50 m). Als Folge wird oft zu spät und in zu starkem Maße in das Kronengefüge eingegriffen,

Abb. 184: Zur Herstellung des Lichtraumprofils wird bei Kirsche oftmals ein radikaler Rückschnitt der Krone durchgeführt

Abb. 183: Eingeschränktes Lichtraumprofil durch tief ansetzende Seitenäste

Abb. 185:
Große Astungswunde am Kronenansatz einer Kirsche

wodurch zum einen verhältnismäßig große Wunden entstehen, zum anderen auch der Habitus beeinträchtigt wird (Abb. 184 und 185). Aus diesem Grund sollte auf die Verwendung von Kirschen mit niedrigen Kronenansätzen und trichterförmigem Habitus in Fahrbahnnähe sowie auch in Fußgängerzonen (Problem: Lieferverkehr) verzichtet werden.

Vergabelungen mit eingewachsener Rinde/Zwiesel

Kirschen gehören zu den Baumarten, die in verstärktem Maße V-förmige Vergabelungen mit eingewachsener Rinde aufweisen (Abb. 186), und zwar sowohl zwischen mehreren Stämmlingen als auch bei Astanbindungen am Stamm (→ Buche, S. 66). Im Gegensatz zu anderen Baumarten (z. B. Buche, Platane) sind die Äste weniger ausladend, so dass das Risiko des Einreißens bzw. Auseinanderbrechens der Vergabelung geringer ist.

Abb. 186: Typisch für Kirsche – Vergabelung mit eingewachsener Rinde

Abb. 187: Frische Fruchtkörper vom Schwefelporling

Schwefelporling

(*Laetiporus sulphureus*)

An Kirsche treten die Fruchtkörper vor allem am Stamm auf, seltener an stärkeren Ästen (Abb. 187 und 188). Der Pilz verursacht eine Braunfäule im Kernholz (→ Eiche, S. 103).

Abb. 188: Die Porenschicht auf der Unterseite des Schwefelporlings

Pflaumen-Feuerschwamm
(*Phellinus tuberculosus*)

Der Pilz tritt vor allem an älteren Kirsch-Pflaumen und Schlehen auf. Es werden kleine, mehrjährige und damit ganzjährig erkennbare Fruchtkörper ausgebildet, die sowohl an Ästen als auch am Stamm erscheinen (Abb. 189). Sie treten häufig in der Nähe von Wunden, z. T. aber auch in augenscheinlich ungeschädigten Rindenbereichen auf. Die Fruchtkörper können bis etwa 8 cm breit werden und ca. 4 cm vom Holz abstehen. Meist erscheinen sie zu mehreren, wobei die Konsolen ineinander übergehen, so dass größere, längliche Fruchtkörpergebilde entstehen. Dabei liegen die Fruchtkörper meist mehr oder weniger flächig dem Holzkörper an und zeigen nur schwach ausgebildete Hutkanten. Dies ist insbesondere dann der Fall, wenn sie an Astunterseiten wachsen. Die Fruchtkörper sind oberseits wulstig gezont und grau bis graubraun gefärbt; unterseits befinden sich graubraune Poren. Der Pilz verursacht eine Weißfäule, durch die die Bruchsicherheit beeinträchtigt sein kann. Eine Baumuntersuchung schafft Klarheit über den Umfang des Schadens.

Abb. 189: Alte Fruchtkörper des Pflaumen-Feuerschwamms an einer Blut-Pflaume

Gummifluss

An Kirschen kann es zum Austritt einer gummiartigen Substanz aus der Rinde kommen. Dieses auch als Gummosis bezeichnete Phänomen steht oftmals im Zusammenhang mit einer Viren-, Bakterien- oder Pilzinfektion oder einem Insektenbefall. Doch auch mechanische Einwirkungen (z. B. Astungen, Anfahrschäden) können einen Gummifluss bewirken

Abb. 190: Gummifluss an einer Astungswunde als Reaktion auf die Verletzung

Abb. 191: Gummifluss direkt aus der Rinde – die Ursache ist unklar

(Abb. 190 und 191), denn hierbei handelt es sich um eine Wundreaktion des Baumes, vergleichbar mit dem Harzfluss an Nadelbäumen. Nicht in jedem Fall stellt daher ein Gummifluss ein Anzeichen für eine Erkrankung dar. Tritt Gummifluss im Bereich augenscheinlich intakter Rindenbereiche auf, sollte das Ausmaß durch eine Baumuntersuchung geklärt werden, z. B. mit Hilfe einer Hippe.

Schadsymptome und Auffälligkeiten am Stammfuß und an Wurzeln

Lackporling

(*Ganoderma* spp.)

Die Fruchtkörper treten an Kirsche meist einzeln am Stammfuß auf und dort oftmals direkt oberhalb der Bodenoberfläche (→ Rosskastanie, S. 287). Im Gegensatz zu anderen Baumarten wie z. B. Eiche und Linde sind am Stammfuß von Kirsch-Bäumen normalerweise keine ausgeprägten Wurzelanläufe vorhanden. Die Fruchtkörper erscheinen daher direkt am Stammfuß (Abb. 192 und 193). Lackporlinge verursachen an Kirsche eine Weißfäule in Stammfuß und Wurzelstock.

Abb. 192: Fruchtkörper eines Lackporlings am Stammfuß einer Kirsche

Abb. 193: Alter Fruchtkörper eines Lackporlings (links) und ein sich frisch entwickelnder Fruchtkörper mit weißer Zuwachsschicht (rechts)

8. Linde (*Tilia*)

Seite

Schadsymptome und Auffälligkeiten

Verbreitung und Verwendung

Die Gattung *Tilia* ist in der nördlich gemäßigten Zone mit etwa 50 sommergrünen Arten verbreitet, von denen in Mitteleuropa meist folgende Arten bzw. Hybriden verwendet werden: Holländische Linde (*T.* × *vulgaris*; Syn. *T.* × *europaea*), Krim-Linde (*T.* × *euchlora*), Silber-Linde (*T. tomentosa*), Sommer-Linde (*T. platyphyllos*) und Winter-Linde (*T. cordata*). Linden werden häufig als Straßen- und Parkbaum, an Kirchen und auf Friedhöfen sowie als Hofbaum gepflanzt. Früher wurden Linden auch als Ort der Rechtsprechung aufgesucht. Da es sich um sehr wüchsige Bäume handelt, die selbst nach starken Rückschnitten wieder gut austreiben, eignen sich Linden sehr gut für geschnittene Kasten- oder Dachformen sowie als Kopfbäume.

Linden bevorzugen frische bis feuchte Böden, tolerieren aber z. T. auch trockenere Standorte im innerstädtischen Raum. Sie sind frosthart und wärmeliebend und bevorzugen einen sonnigen bis halbschattigen Standort. Im Herbst fallen Linden durch ihre oft leuchtend gelbe Färbung der Blätter auf.

Die nachfolgenden Ausführungen beziehen sich vor allem auf Sommer-, Winter- und Silber-Linde.

Baumbiologie

Linden können ca. 250–300 Jahre alt werden, einzelne Exemplare erreichen aber auch ein deutlich höheres Alter. Sie haben ein weiches, elastisches Holz, das normalerweise gleichmäßig weißlich bis gelb gefärbt ist (Abb. 194). Es wird kein echtes Kernholz ausgebildet, doch kommt es im Stamminnern älterer Bäume gelegentlich zu bräunlichen Verfärbungen. Hierbei handelt es sich um einen sog. Falschkern, der keine erhöhte natürliche Resistenz aufweist.

Das Holz der Linde ist feinporig. Sie gehört zu den zerstreutporigen Baumarten, d. h., die Gefäße weisen eine weitgehend einheitliche Größe auf und sind mehr oder weniger gleichmäßig über einen Jahrring verteilt. Die Jahrringgrenzen sind mit bloßem Auge kaum erkennbar.

Linden zählen zu den effektiv abschottenden Baumarten, die i. d. R. auch größere Astungswunden engräumig abschotten können.

Abb. 194: Linde hat ein helles Holz; hier: Längsschnitt durch eine Astungswunde mit Abschottungsreaktionen im Holzkörper

Schadsymptome und Auffälligkeiten an Blättern und Trieben

Saugschäden durch Spinnmilben
(*Eotetranychus tiliarum* und *Tetranychus urticae*)

Von Spinnmilben befallen werden vor allem Winter-Linden, weniger stark Sommer-Linden und Silber-Linden gar nicht. Auf der Blattoberseite zeigt sich eine gelblichweiße Sprenkelung, die zunächst verstärkt entlang der Blattadern auftritt, im Laufe des Sommers aber nahezu die gesamte Blattspreite einnehmen kann. Auf der Blattunterseite sind weißliche Spinnfäden erkennbar (Abb. 195) sowie die etwa 0,5 mm großen, meist gelblich-grün gefärbten Spinnmilben (Lupe!). Bei einem starken Befall bekommt das Blatt eine bronzefarbene Tönung und fällt vorzeitig ab. Die Schäden zeigen sich zuerst in der unteren Krone und breiten sich von dort nach oben aus. In Extremfällen kann die gesamte Krone betroffen sein mit einem vorzeitigen Laubverlust in den unteren Kronenbereichen (Abb. 196).

Spinnmilben entwickeln mehrere Generationen pro Jahr, wobei die Entwicklung vom Ei bis zum adulten Stadium im Sommer nur etwa zehn Tage dauert. Beide Arten überwintern als befruchtete Weibchen (sog. Winterweibchen), z. B. unter Borkenschuppen oder Falllaub. Im Frühjahr erfolgt von dort eine neue Besiedlung. Da es sich

Abb. 195: Spinnmilbenbefall – Detailaufnahme der Blattunterseite

Abb. 196: Verlichtung der unteren Krone und Vergilbung der mittleren Krone durch Spinnmilbenbefall

bei Spinnmilben um wärmeliebende Tiere handelt, kommt es bei trocken-warmer Witterung zu einer Massenvermehrung. Aus diesem Grund sind Straßenbäume oft besonders stark betroffen, da durch die Wärmeabstrahlung der Straßenbeläge und die Austrocknung des Laubes infolge der erhöhten Luftbewegung für die Schädlinge ein optimales Kleinklima geschaffen wird. Ein Befall führt selbst bei einem starken Auftreten des Schädlings nicht zu dauerhaften Vitalitätseinbußen. Es kann aber zu erheblichen ästhetischen Beeinträchtigungen kommen. Zu Möglichkeiten der chemischen Bekämpfung sollte die zuständige amtliche Pflanzenschutzstelle befragt werden.

Fraßschäden durch Kleine Lindenblattwespe
(*Caliroa annulipes*)

Die Blätter zeigen ab Frühsommer Verbräunungen, rollen sich ein und vertrocknen vorzeitig (Abb. 197). An Altbäumen sind normalerweise nur die unteren Äste betroffen, an Jungbäumen meist die gesamte Krone. Auf der Blattunterseite ist ein Schabe- und Fensterfraß erkennbar. Dabei bleibt nur die Epidermis der Blattoberseite erhalten (Abb. 198). Hervorgerufen werden die Schäden durch die nacktschneckenartigen, blassgrün gefärbten Larven, die etwa bis 10 mm lang werden (Abb. 199). Die Verpuppung der Larven erfolgt in einem Kokon im Boden. Die Flugzeit der adulten Blattwes-

Abb. 197: Fraßschäden durch die Kleine Lindenblattwespe an einer jungen Linde

Abb. 198: Durch die Fraßtätigkeit entsteht ein Schabe- und Fensterfraß; die Epidermis der Blattoberseite bleibt erhalten

Abb. 199: Schneckenartige Larve der Kleinen Lindenblattwespe auf der Blattunterseite

pen liegt im Mai/Juni und – sofern es zur Entwicklung einer zweiten Generation kommt – im August. Nach der Eiablage in Taschen auf der Blattunterseite schlüpfen die Larven nach etwa 14 Tagen. Durch einen starken und mehrmals hintereinander auftretenden Befall können Jungbäume stark geschädigt werden oder sogar absterben, so dass Bekämpfungsmaßnahmen erforderlich werden können (zuständige amtliche Pflanzenschutzstelle fragen). An Altbäumen ist keine nachhaltige Beeinträchtigung zu erwarten.

Abb. 200: Beginnende Blattverfärbung durch Salzschaden an Linde

Blattrandnekrosen durch Auftausalze

Auftausalze im Boden können bereits ab Frühsommer an den Rändern der jüngsten Blätter Aufhellungen bewirken (Abb. 200).

Später bilden sich braune Blattränder, die sog. Blattrandnekrosen, die vom gesunden Gewebe durch eine gelbliche Zone (Chlorose) abgetrennt sind (Abb. 201). Im Laufe des Sommers vergrößern sich die Blattrandnekrosen in Richtung Blattmitte, so dass nur noch wenig intaktes Blattgewebe verbleibt. Es kommt dann zum Einrollen und Vertrocknen der Blätter sowie zum vorzeitigen Laubfall (Abb. 202). Die Symptome können – insbesondere an Straßenbäumen – ausschließlich oder in verstärktem Maße auf einer Seite auftreten, und zwar meist auf der Straßenseite.

Abb. 201: Deutlich ausgeprägte Blattrandnekrosen, die vom gesunden Gewebe durch eine gelbliche Zone (Chlorose) abgetrennt sind

Abb. 202: Durch den Salzschaden kommt es oftmals zu einem vorzeitigen Laubfall

Bei hohen Salzkonzentrationen kommt es zu einem Kümmerwuchs der Blätter sowie zu verringerten Triebzuwächsen bis hin zum Absterben von Kronenteilen oder ganzen Bäumen. Solange keine stärkeren Totäste vorhanden sind, wird die Verkehrssicherheit des Baumes hiervon nicht beeinflusst.

Um Baumschäden zu vermeiden, sollten nur dort Auftausalze eingesetzt werden, wo es unbedingt notwendig ist. Bei bereits geschädigten Bäumen kann die Salzbelastung im Boden durch ausgiebiges Wässern oder spezielle Ionenaustauscher verringert werden. Darüber hinaus kann auch ein Bodenaustausch sinnvoll sein, indem der vorhandene Boden mit Hilfe eines Erdstoffsaugers großräumig entnommen und durch unbelasteten Boden ersetzt wird.

Linden sind sehr salzempfindlich, wobei die Symptome an den einzelnen Arten recht unterschiedlich sein können; so reagieren insbesondere Winter-Linden mit den o. g. Blattschäden, während Silber-Linde eher eine Verlichtung der Krone zeigt.

Salzschäden an Linden können mit einer → Blattvergilbung durch Trockenheit (siehe unten) oder mit Blattschäden durch Nährstoffdefizite verwechselt werden; bei letzteren zeigen sich die Verbräunungen jedoch meist entlang der Blattadern oder nur in den Interkostalfeldern. Eine sichere Diagnose des Schadens wird durch Blatt- und Bodenanalysen ermöglicht.

Blattvergilbung durch Trockenheit

Linden an trockenen Standorten sowie Orten mit hoher Windbelastung können nach anhaltend trocken-warmer Witterung an

Abb. 203: Typischer Trockenschaden an Linde – die Blätter einzelner Äste vergilben

Abb. 204: Nach trocken-heißen Sommern finden sich im nächsten Jahr häufig viele dünnere Totäste in den Kronen von Linden

einzelnen Ästen eine Vergilbung der Blätter zeigen (Abb. 203). Die geschädigten Triebe sterben meist ab und sind im Folgejahr als Totäste in der äußeren Krone erkennbar (Abb. 204). Sofern keine stärkeren Äste betroffen sind (→ Totholz, S. 167), besteht keine Beeinträchtigung der Verkehrssicherheit. Hinsichtlich der Vitalität haben einzelne trockene Jahre keine nachhaltig negative Auswirkung auf den Baum.

Honigtau von Blattläusen/Rußtaupilze

An den Blättern der Linde saugende Läuse geben zuckerhaltige Ausscheidungen ab, mit denen die Blattoberseiten wie mit einer Art Film überzogen werden. Häufig fällt dieser sog. Honigtau auch wie ein feiner Sprühregen herunter und legt sich als klebrige Schicht auf Gegenständen ab, die sich unter der betreffenden Linde befinden (z. B. geparkte Fahrzeuge). Auf dem Honigtau siedeln sich nachfolgend gerne Rußtaupilze an, die in ihrer Gesamtheit als schwarzer Belag auf den Blättern bzw. auf den betroffenen Gegenständen erkennbar sind (Abb. 205). Durch Regenfälle wird der Belag teilweise abgewaschen, doch bildet sich sowohl der Honigtau als auch der Besatz mit Rußtaupilzen im Laufe der Vegetationsperiode wieder neu. Für den Baum bedeutet dies zwar eine geringfügige Beeinträchtigung der Assimilation, doch wird er nicht nachhaltig in seiner Vitalität geschwächt.

Abb. 205: Schwarzer Belag auf der Blattoberseite durch Rußtaupilze

Stigmina-Triebsterben
(*Stigmina pulvinata*)

An jüngeren und mittelalten Linden können im Frühjahr in der Oberkrone abgestorbene Triebspitzen auftreten, die zwei oder mehr Jahrestriebe umfassen. Ursache hierfür ist ein Befall durch den Schlauchpilz *Stigmina pulvinata*, der Nekrosen verursacht, durch die sowohl die Rinde als auch das Kambium absterben. Das Schadbild ähnelt einem Rindenbrand. Die Nekrosen sind meist elliptisch um die Ansatzstelle eines schwächeren Zweiges ausgebildet. Bei einem starken Befall kann das Kambium auch ringsherum am Trieb geschädigt werden, das zum Absterben des darüberliegenden Triebabschnittes führt. Auf den abgestorbenen Trieben sowie im Bereich der Rindennekrosen sind vom Frühjahr bis in den Sommer hinein die 1 mm großen, schwarzen Sammelfruchtkörper des Pilzes erkennbar. Eine Hauptfruchtform ist bisher nicht bekannt.

Oft reagieren die Bäume im Laufe des Sommers mit einem starken Neuaustrieb, was zu einer Verbuschung der Krone führt. Befallen werden vor allem *Tilia cordata* und *T. platyphyllos* und deren Hybriden. Betroffen sind i. d. R. geschwächte Bäume mit ungünstigen

Standortbedingungen, z. B. durch Bodenverdichtungen.

Bekämpfungsmaßnahmen stehen nicht zur Verfügung. Durch Schnittmaßnahmen (Jungbaumpflege, Kronenpflege) können die Auswirkungen der Schäden eingedämmt werden. Zudem sollte ungünstigen Standortbedingungen durch Verbesserung des Wurzelbereichs begegnet werden.

Abb. 206: *Stigmina*-Triebsterben an jüngerer Linde

Schadsymptome und Auffälligkeiten an Ästen und am Stamm

Totholz

Ältere Linden mit noch dicht belaubten Kronen bilden in inneren und unteren Kronenbereichen häufig Totäste aus. Hierbei handelt es sich um abgestorbene Schattenäste, die aufgrund von Lichtmangel entstanden sind. Sie sind daher nicht als Anzeichen einer Vitalitätsverschlechterung zu bewerten.

Im Gegensatz dazu deutet in der Oberkrone vorhandenes Totholz stets auf eine abnehmende Vitalität des Baumes hin.

An Bäumen, die der Verkehrssicherungspflicht unterliegen, müssen Totäste ab einem Durchmesser von 5 cm an der Astbasis zur Herstellung der Bruchsicherheit entfernt werden. Da Totholz bei einem Herausbrechen aus der Krone erhebliche Schäden verursachen kann (Abb. 207), ist daher eine Totholzbeseitigung gemäß ZTV-Baumpflege zu veranlassen. In Abhängigkeit vom Kronenzustand des Baumes kann auch eine Kronenpflege sinnvoll sein. Tot-

Abb. 207: Abgebrochener Totast einer Linde

äste mit größeren Durchmessern können nur dann in der Krone toleriert werden, wenn es sich um kurze Stummel handelt. Demgegenüber können z. B. dünnere, in großer Höhe befindliche Totäste durchaus eine Gefahr darstellen.

Wollige Napfschildlaus
(*Pulvinaria regalis*)

Das Vorkommen der Wolligen Napfschildlaus hat in den letzten Jahren in Mittel- und Westeuropa stark zugenommen, vor allem in wärmeren Regionen. In Deutschland hat sie sich ausgehend vom Rheinland innerhalb kurzer Zeit über nahezu alle Bundesländer verbreitet. Eine Massenvermehrung tritt meist nur in innerstädtischen Gebieten auf.

Deutlich wird ein Befall etwa ab Ende April, wenn an Stämmen und Ästen jüngerer Bäume sowie in noch wenig verborkten Rindenbereichen von Altbäumen zahlreiche weiße Flecken zu sehen sind (Abb. 208). Hierbei handelt es sich um die weißen, wolligen Sekrete der Schildläuse, und zwar um die sog. Eisäcke, in die die Weibchen ihre Eier ablegen. Bei starkem Befall sitzen die Tiere dicht an dicht auf der Rinde. Sie sind bräunlich gefärbt, haben eine ovale Form und können eine Länge von 6 mm und eine Breite von 4 mm erreichen. Die am Hinterleib ausgeschiedenen Eisäcke

Abb. 208: Befall mit Wolliger Napfschildlaus im Bereich des Kronenansatzes

sind normalerweise deutlich länger und umfassen z. T. die dreifache Körperlänge der Weibchen (Abb. 209). Die Weibchen sterben nach der Eiablage, die Eisäcke verbleiben aber meist noch bis zum nächsten Jahr am Baum. Aus dem Eisack schlüpfen die Larven nach etwa 40 Tagen. Nach mehreren Häutungen entstehen etwa im September die geflügelten Männchen und ungeflügelten Weibchen.

Bei einem Befall kommt es durch die auffallenden Eisäcke zu einer optischen Beeinträchtigung sowie zu erheblichen Saugschäden an Ästen und am Stamm durch die Weibchen sowie am Laub durch die Larven. Darüber hinaus erfolgt durch die starke Honigtaubildung

Abb. 209: Unter den Weibchen befinden sich ihre weißen Eisäcke

und die nachfolgende Besiedlung mit Rußtaupilzen eine Verringerung der Fotosyntheseaktivität (→ Honigtau von Blattläusen/Rußtaupilze, S. 165). Bei einem stärkeren Napfschildlaus-Befall über einen längeren Zeitraum ist eine Schwächung des befallenen Baumes möglich, die bis zum Absterben einzelner Äste reichen kann (Abb. 210). Eine Beeinträchtigung der Bruchsicherheit erfolgt nur dann, wenn sich in Folge des Befalls stärkeres → Totholz (S. 167) gebildet hat.

Abb. 210: Als Folge des starken Befalls ist es bei dieser Linde zu einer Auflichtung der unteren Krone mit verstärkter Totholzbildung gekommen

Praktikable Bekämpfungsmaßnahmen stehen noch nicht zur Verfügung. Das Abspülen der Tiere mit Hochdruckreinigern sowie der Einsatz von Nützlingen, z. B. von Marienkäfern oder Schlupfwespen, wird z. Zt. erprobt. Beim Abspülen der Stämme mit Wasser kann die Rinde jüngerer Bäume durch einen starken Strahl geschädigt werden. Aus baumbiologischer Sicht ist daher der Einsatz von Nützlingen sinnvoll. Zum möglichen Einsatz von Insektiziden kann die zuständige amtliche Pflanzenschutzstelle Auskunft geben.

(Alte) Kappstellen

Insbesondere Linden wurden und werden noch immer aus verschiedenen Gründen gekappt, und zwar sowohl im Stamm- als auch Stämmlingsbereich. Frische Kappstellen noch kein Problem für die Bruchsicherheit dar (Abb. 211). Unabhängig von der Schnittführung und Behandlung faulen die Wunden jedoch nach mehreren Jahren ein. Bei der Baumkontrolle ist deshalb ein besonderes Augenmerk auf alte, eingefaulte Kappstellen zu richten. Liegt die Kappung lange zurück und wurden zwischenzeitlich keine Pflegemaßnahmen durchgeführt, haben sich an den Schnittstellen zahlreiche starke Neuaustriebe, sog. Ständer, entwickelt (Abb. 212). Werden diese Ständer zu lang und schwer, kann deren Gewicht von den eingefaulten Stammköpfen nicht mehr getragen werden, so dass die Bruchsicherheit nicht mehr gegeben ist. Verstärkt wird diese Gefahr, wenn sich unterhalb der Kappstellen Risse gebildet haben, die einen Hinweis auf eine umfangreiche Fäule im Stamminnern darstellen (Abb. 213).

An gekappten Linden muss der Baumkontrolleur zudem auf Pilzfruchtkörper im Stammfußbereich achten, denn nach einer Kappung sterben oftmals weitreichende Teile des Wurzelwerks ab, da sie durch die fehlende Blattmasse nicht mehr versorgt werden können. Hierdurch haben holzzerstörende Pilze wie z. B. der → Brandkrustenpilz (S. 181) die Möglichkeit, in den Baum einzudringen.

Im Hinblick auf die Erhaltungswürdigkeit und -fähigkeit gekappter Linden sollte vor der Durchführung von vermeintlich erforderlichen Maßnahmen eine Baumuntersuchung erfolgen. Hierbei ist zu klären, ob die Bruch- und/oder Stand-

Abb. 211: Frische Kappstellen stellen noch kein Problem dar

Abb. 212: Nach der Kappung haben sich die sog. Ständer entwickelt

Abb. 213: Überwallter Riss unterhalb einer alten, eingefaulten Kappstelle

Abb. 214: Silber-Linde mit eingewachsener Rinde in der Vergabelung

sicherheit noch gegeben ist. Nur so kann festgestellt werden, ob Maßnahmen überhaupt notwendig sind und wenn ja, ob sich der Erhalt der Bäume durch baumpflegerische Maßnahmen noch lohnt oder eine Fällung erforderlich ist.

Vergabelungen mit eingewachsener Rinde/Zwiesel

Linden haben häufiger Vergabelungen und Zwiesel mit eingewachsener Rinde. Sehr oft tritt dies an Silber-Linden auf (Abb. 214), und dort an nahezu jedem Exemplar und in fast allen Vergabelungen (→ Buche, S. 66). Die Gefahr des Einreißens und Auseinanderbrechens ist an Silber-Linde jedoch als gering einzustufen. Dies mag darauf zurückzuführen sein, dass Silber-Linden einen eher aufstrebenden Habitus ohne seitlich weit ausladende Äste haben. Sollte trotzdem ein Riss festgestellt werden, besteht Handlungsbedarf (z. B. Einbau einer Kronensicherung).

Austernseitling
(*Pleurotus ostreatus*)

Die Fruchtkörper können sowohl am Stamm als auch an Stämmlingen erscheinen, und zwar im Bereich von Wunden (z. B. Astungswunde, Stammverletzung; Abb. 215). Der Pilz verursacht eine Weißfäule (→ Ahorn, S. 23), die an Linde meist lange Zeit auf den eigentlichen Wundbereich beschränkt bleibt. Trotzdem kann die Bruchsicherheit beeinträchtigt sein.

Abb. 215: Austernseitling an einer alten Stammwunde

Schuppiger Porling
(*Polyporus squamosus*)

Die Fruchtkörper treten an Linde meist im Bereich großer Wunden am Stamm oder an Stämmlingen auf, wo der Pilz eine Weißfäule verursacht (Abb. 216 und 217). An Linde ist die Fäule (→ Ahorn, S. 25) zwar oft über längere Zeit auf den ehemaligen Wundbereich beschränkt, doch kann sie sich auch über größere Bereiche des Holzkörpers ausbreiten.

Abb. 216: Schuppiger Porling an einer Astungswunde

Abb. 217: Frische und ältere Fruchtkörper des Schuppigen Porlings

Abb. 218: Nässender Stammriss an einer gekappten Linde

Stammrisse

Ältere Linden, vor allem Exemplare mit größeren, eingefaulten Astungswunden oder Kappstellen, zeigen im Stamm häufig in Längsrichtung verlaufende Risse (Abb. 218 und 219; → Esche, S. 131).

Abb. 219: Älterer, überwallter Stammriss

Maserknollen/Wucherungen

Am Stamm können beulen- und wulstartige Verdickungen auftreten, meist mit einer vermehrten Bildung von Wasserreisern. Für diese Wucherungen gibt es in der Praxis viele Bezeichnungen, u. a. auch Maserkröpfe (Abb. 220). Diese gesteigerte, undifferenzierte Holzproduktion des Kambiums wird z. B. durch unsachgemäßes Entfernen von Wasserreisern oder durch wundinfizierende Erreger ausgelöst. Derartige Wucherungen sind zwar auffällig, stellen jedoch i. d. R. kein Anzeichen für eine mangelnde Verkehrssicherheit dar. Indizien für einen größeren Defekt können jedoch dann vorliegen, wenn z. B. Maserknollen ganz oder teilweise abgestorben sind und sich hiervon ausgehend eine Fäule im Stamm entwickelt hat. Aufgrund der verstärkten Bildung von Wasserreisern an den Wucherungen ist zu prüfen, ob die → Stamm- und Stockaustriebe (S. 179) das Lichtraumprofil oder sogar den Verkehrsraum der Straße bzw. des Rad- oder Fußweges einschränken oder ob eine Sichtbehinderung für Verkehrsteilnehmer vorliegt.

Abb. 220: Maserknollen am unteren Stamm einer Linde

Sonnennekrosen (Rindenschäden)

An jungen Linden können sich auf der Südwestseite des Stammes Sonnennekrosen ausbilden (→ Ahorn, S. 29). Die Schäden sind im Gegensatz zu Ahorn oder Rosskastanie i. d. R. deutlich engräumiger abgeschottet und die Bäume damit weniger bruchgefährdet (Abb. 221 und 222).

Abb. 221:
Sonnennekrosen an jungen Linden auf der Südwestseite des Stammes

Abb. 222:
Die Schäden durch Sonnennekrosen werden von Linde meist engräumig abgeschottet

Löcher in der Borke durch Blausieb

(*Zeuzera pyrina*)

An jüngeren Linden und anderen Laubgehölzen können Schäden durch einen Raupenfraß im Inneren des Holzkörpers entstehen. Die betroffenen Äste und Stämme haben i. d. R. Durchmesser von weniger als 10 cm. Im Holz sind sehr große und lange Fraßgänge vorhanden. Befallene Äste welken und sterben unter Umständen ab. Erste Anzeichen für einen Befall sind relativ große Bohrlöcher, ausgeworfener Kot und das Genagsel von Raupen (Abb. 223). Die Raupen dieses einheimischen Insekts sind bis zu 6 cm lang. Sie sind zunächst rosa, später gelb gefärbt mit schwarzen Punktwarzen (Abb. 224). Der Larvenfraß dauert zwei bis drei Jahre. Das Blausieb ist ein Falter mit 4,5 bis 6,5 cm Flügelspannweite. Flügel und Körper sind weiß gefärbt mit schwarzen oder dunkelblauen Flecken (Punktwarzen).

Bei einem starken Befall, vor allem bei Jungbäumen, kann die Bruchsicherheit beeinträchtigt sein. Eine Bekämpfung der Larven ist nur dann möglich, wenn diese noch relativ jung und noch nicht weit ins Holz vorgedrungen sind. Bei einem bereits längeren und stärkeren Befall verbleibt i. d. R. nur die Entfernung befallener Äste. Sind bei Jungbäumen die Stämme befallen, verbleibt i. d. R. nur die Fällung des Baumes. Die Ausbohrlöcher des Blausieb können mit dem einheimischen Weidenbohrer (→ Weide, S. 302) verwechselt werden, der jedoch einen typischen Essig-Geruch verströmt und häufig an älteren und damit i. d. R. stärkeren Bäumen vorkommt. Zudem kann es aufgrund der Löcher auch zu Verwechslungen mit den Quarantäne-Schädlingen ALB bzw. CLB kommen (→ Ahorn, S. 35 und S. 37).

Abb. 223: Blausieb-Befall – Löcher in der Rinde und im Holz sowie verdickter Stamm an einer Junglinde

Abb. 224: Die schon gelb gefärbte Raupe mit schwarzen Punktwarzen

Höhlungen/Innenwurzeln

Höhlungen im Stamm und in Stämmlingen entstehen durch einen umfangreichen Holzabbau durch holzzerstörende Pilze. Weisen sie keine Öffnungen nach außen auf, sind sie allein durch eine Sichtkontrolle nicht feststellbar. Bei Verdachtsmomenten kann bereits eine Klangprobe eine Klärung bringen.

Ist eine Höhlung vorhanden, sollte durch eine Baumuntersuchung geklärt werden, ob die Restwandstärke des intakten Holzes noch ausreichend ist. Ist außen ein breiter Ring intakten Holzes vorhanden, so dass der Querschnitt des Stammes dem eines Rohres ähnelt, kann dieser hohle Stamm statisch sehr stabil sein. Sind aber zusätzlich größere Höhlungsöffnungen oder auch Risse vorhanden, gleicht der Stammquerschnitt einem aufgeschlitzten Rohr, was deutlich instabiler ist. Diese Gefahr erhöht sich u. a. dadurch, wenn der Baum einen Schrägstand aufweist, eine asymmetrische Krone besitzt oder nach einer Fällung von Nachbarbäumen freigestellt wurde. In diesen Fällen können Schnittmaßnahmen in der Krone erforderlich sein, um die Windangriffsfläche zu verkleinern bzw. die auf den defekten Bereich einwirkende Last zu verringern.

Abb. 225: Alte, baumchirurgisch ausgearbeitete Höhlung mit Gewindestangen und Innenwurzeln

An Linden treten in Höhlungen häufiger Innenwurzeln auf, z. T. auch in größerer Zahl (Abb. 225). Es handelt sich um sekundär gebildete Wurzeln, mit deren Hilfe der Baum seine Wasser- und Nährstoffaufnahme unterstützt. Für die Stand- und Bruchsicherheit sind diese Wurzeln jedoch kaum von Bedeutung.

Schwarze Leckstellen

Am unteren Stamm älterer Linden können schwarze, z. T. auch nässende Flecken vorkommen (→ Ahorn, S. 31). An Linden treten diese Flecken häufig in Zusammenhang mit einem Befall durch den → Brandkrustenpilz (S. 181) auf (Abb. 226). Durch eine Baumuntersuchung kann der Umfang des Schadens ermittelt werden.

Abb. 226: Schwarze Leckstellen am unteren Stamm – bei Linde oft ein Hinweis auf einen Befall mit dem Brandkrustenpilz (Pfeile)

Schadsymptome und Auffälligkeiten am Stammfuß und an Wurzeln

Stamm- und Stockaustriebe

Linden neigen zu Stamm- und Stockaustrieben, wodurch eine erhebliche Sichtbehinderung für Verkehrsteilnehmer und damit eine Gefährdung der Verkehrssicherheit entstehen kann. Weiterhin kann durch die Austriebe auch das Lichtraumprofil der Straße sowie des Geh- und Radweges eingeschränkt sein oder die Triebe können sogar bis in den Verkehrsraum hineinragen (Abb. 227). In diesen Fällen muss die Entfernung der Stamm- oder Stockaustriebe veranlasst werden. Aus baumbiologischer Sicht ist eine Entfernung der Austriebe mit der Motorsäge oder -sense schädlich, da dadurch oftmals auch größere Verletzungen im Stammfußbereich entstehen, die dann Eintrittspforten für holzzerstörende Pilze sind. Müssen Stamm- und Stockaustriebe aus Gründen der Verkehrssicherheit entfernt werden, sind diese fachgerecht z. B. mit einer Rosenschere flach an der Basis und lediglich im Triebdurchmesser abzuschneiden.

Abb. 227: Stockaustriebe sind typisch für Linden – hier ragen sie bis in den Verkehrsraum hinein

Abb. 228: Älterer Fruchtkörper eines Lackporlings

Lackporling

(*Ganoderma* spp.)

Die Fruchtkörper erscheinen am Stammfuß (→ Rosskastanie, S. 263). Befallene Linden weisen oftmals eine Verdickung des Stammfußes auf, die durch ein sog. Kompensationswachstum entsteht (Abb. 228 und 229).

Abb. 229: Bei einem Lackporlingsbefall ist oftmals eine Verdickung des Stammfußes erkennbar (sog. Kompensationswachstum)

Brandkrustenpilz
(*Kretzschmaria deusta*;
Syn. Ustulina deusta)

Bei den Fruchtkörpern handelt es sich um sehr unscheinbare, flächige Gebilde, die normalerweise am Stammfuß knapp oberhalb des Bodens erscheinen. Am ehesten fallen noch die Fruchtkörper der Nebenfruchtform (*Nodulisporium* sp.) auf, die je nach Witterungsverlauf in der Zeit etwa von März bis Mai gebildet werden: Es sind flache, unregelmäßig geformte, weiche Gebilde, die eng am Holz anliegen. Sie sind zunächst weißlich und werden später in der Mitte zunehmend grau, wobei ein weißer Rand verbleibt (Abb. 230). Im Laufe der weiteren Entwicklung verschwindet der weiße Rand allmählich, der gesamte Fruchtkörper wird dunkler und es entsteht während des Sommers das perfekte Stadium des Pilzes, welches ganzjährig erkennbar ist: Es handelt sich um ein polsterförmig ausgebildetes, ca. 1–4 mm dickes, dunkelbraun bis schwarz gefärbtes Stroma (verhärtete Struktur aus Pilzgewebe, in die zahlreiche Fruchtkörper eingesenkt sind). Die Größe kann stark variieren und von wenigen Zentimetern bis zu mehreren Quadratdezimetern reichen (Abb. 231). Die krustige Oberfläche ist pustelartig gewölbt und ungleichmäßig höckerig; auf Druck zerbricht das Stroma krachend.

Abb. 230: Unscheinbare, grau-weiße Fruchtkörper vom Brandkrustenpilz (Pfeile) am Stammfuß einer Linde; die Rinde ist hier bereits abgestorben

Abb. 231: Schwarze und helle Fruchtkörper des Brandkrustenpilzes (Pfeile)

Der Pilz besiedelt Bäume in erster Linie über Wurzelverletzungen und Wunden an der Stammbasis, die z. B. durch Anfahrschäden entstanden sind. Er kann sich offenbar auch über Wurzelkontakte zwischen befallenen und gesunden Bäumen ausbreiten. Der Brandkrustenpilz ist in der Lage, eine Moderfäule im Wurzelbereich und in der Stammbasis zu verursachen. Vereinzelt kann sich die Fäule auch bis in den Stamm hinein entwickeln (Abb. 232–234). Im Gegensatz zum Lackporling zeigt sich bei einem Befall durch den Brandkrustenpilz i. d. R. kein Kompensationswachstum am Stammfuß. Vielmehr ist der Stamm in den betroffenen Bereichen oftmals auffallend flach und ohne die typischen helleren Zuwachszonen in der Rinde. Die Fäule kann sehr unterschiedliche Ausmaße annehmen und bei einem umfangreichen Befall zu einer Beeinträchtigung der Stand- und/oder Bruchsicherheit führen. Die Fruchtkörper des Pilzes sind sehr unscheinbar und deshalb bleibt ein Befall häufig unerkannt. Die Holzzersetzung beginnt meist im zentralen Bereich der Wurzeln und des Stammes, so dass die Wasser- und Nährstoffversorgung des befallenen Baumes noch über längere Zeit gewährleistet ist und sich in der Krone Vitalitätsmängel erst in späteren Befallsstadien zeigen.

Abb. 232: Halbseitig abgestorbener Stammfuß; direkt oberhalb des Erdbodens sind die schwarzen Fruchtkörper zu erkennen (Pfeile)

Abb. 233: Die Linde aus Abbildung 232 nach der Fällung – die Fäule hatte sich schon sehr weiträumig ausgebreitet

Abb. 234: Teilweise bereits stark zerstörter Stammfuß einer Linde durch Befall mit dem Brandkrustenpilz

Feuerwanzen

(*Pyrrhocoris apterus*)

Am Stammfuß von Linden fällt insbesondere bei trocken-warmer Witterung das massenhafte Auftreten von Feuerwanzen auf (Abb. 235). Die Tiere werden bis etwa 11 mm lang, sind leuchtend rot gefärbt und weisen eine schwarze Zeichnung auf. Aufgrund der leuchtenden Farbe und des massenhaften Auftretens sind die Wanzen auffallend, sie schädigen aber nicht den Baum, sondern ernähren sich u. a. von den heruntergefallenen Früchten der Linde. Sie beeinträchtigen daher weder die Vitalität noch sind sie ein Anzeichen für einen Defekt.

Abb. 235: Feuerwanzen auf der Rinde – auffällig, aber harmlos

9. Mehlbeere (*Sorbus*)

Seite

Schadsymptome und Auffälligkeiten

an Blättern und Trieben:

an Ästen und am Stamm:

am Stammfuß und an Wurzeln:

Verbreitung und Verwendung

Die Gattung *Sorbus* ist in den gemäßigten Zonen der nördlichen Hemisphäre mit 80 bis 100 sommergrünen Baum- und Straucharten verbreitet, von denen in Europa etwa zehn Arten und Hybriden sowie deren Sorten eine Rolle spielen. Als Straßenbäume werden vor allem die Echte Mehlbeere (*S. aria*), die Bastard-Mehlbeere (*S. hybrida*) und die Schwedische Mehlbeere (*S. intermedia*) eingesetzt. Zur Gattung Sorbus gehören auch Ebereschen, z. B. die Arnolds Eberesche (*S.* × *arnoldiana*) und die Gewöhnliche Eberesche (*S. aucuparia*, auch Vogelbeere genannt) sowie der Speierling (*S. domestica*). Diese Arten werden häufig als Park- und Gartengehölze verwendet, ebenso sind sie wichtige Pionier- und Windschutzgehölze in freier Landschaft.

Der Zierwert der Mehlbeere besteht vor allem in ihrer Blüte, dem Fruchtschmuck und ihrer Herbstfärbung. Für den innerstädtischen Bereich sind Mehlbeeren besonders geeignet, da sie als hitze- und trockenresistent und anpassungsfähig gelten. Die Schwedische Mehlbeere ist zudem besonders wind- und salzresistent. Hinsichtlich der Standortbedingungen stellen Mehlbeeren keine besonderen Ansprüche. Sie bevorzugen aber sonnige, eher trockene bis mäßig frische Standorte. Die nachfolgenden Ausführungen beziehen sich vor allem auf die Echte und die Schwedische Mehlbeere.

Baumbiologie

Alle Vertreter der Gattung *Sorbus* sind eher kurzlebige Gehölze mit einer Lebenserwartung von bis zu 100 Jahren. Ab einem Alter von 60–80 Jahren muss in verstärktem Maße mit Fäulen im Holzkörper gerechnet werden. Mehlbeeren besitzen ein weißlich-gelbes bis rötliches Holz (Abb. 236). Gelegentlich kommt in älteren Stämmen eine unregelmäßige bräunliche Verfärbung vor. Hierbei handelt es sich um einen sog. Falschkern, der keine erhöhte natürliche Resistenz aufweist.

Mehlbeeren haben ein zerstreutporiges Holz, in dem die Gefäße eine weitgehend einheitliche Größe aufweisen und mehr oder weniger gleichmäßig über einen Jahrring verteilt sind. Die Jahrringgrenzen sind dennoch deutlich erkennbar.

Abb. 236: Mehlbeeren haben ein weißlich-gelbes Holz; auf diesem Querschnitt ist zudem eine Fäule im Innern vorhanden

Mehlbeeren gehören zu den schwach abschottenden Baumarten, bei denen selbst kleinere Astungswunden bereits zu umfangreichen Verfärbungen mit nachfolgender Fäulnis im Stamm führen können. Besonders kritisch sind mehrere Wunden im selben Stammbereich, die oftmals durch die verspätete Herstellung des → Lichtraumprofils (S. 191) hevorgerufen werden. Aus diesem Grund kommt bei Mehlbeeren einem rechtzeitigen Erziehungs- und Aufbauschnitt eine große Bedeutung zu.

Schadsymptome und Auffälligkeiten an Blättern und Trieben

Blattflecken durch Schorf
(*Venturia inaequalis*;
Syn. *V. aucupariae*)

Der Pilz, der auch der Verursacher des Apfelschorfes ist, bewirkt zunächst eine olivgrüne, später mehr braune, verschwommen wirkende Fleckung auf der Blattoberseite. Bei starkem Befall fließen die einzelnen Flecken zusammen, so dass fast die gesamte Blattspreite betroffen sein kann; befallene Blätter werden vorzeitig abgeworfen (Abb. 237). Die Primärinfektion erfolgt im Frühjahr durch Sporen

Abb. 237: Vorzeitiger Blattverlust nach Infektion mit Schorfpilzen

aus dem Falllaub, die spätere Ausbreitung vollzieht sich innerhalb einer Krone durch Konidien (asexuell entstandene Sporen). Durch die Erkrankungen erfolgt lediglich eine optische Beeinträchtigung, aber keine maßgebliche Vitalitätsverschlechterung.

Blattflecken durch Blattbräune

(*Diplocarpon mespili*)

Durch diese Pilzinfektion entstehen kleine, braunschwarze Flecken (Abb. 238), die später die gesamte Blattspreite betreffen und zum vorzeitigen Laubfall führen können (→ Weißdorn, S. 307). Im Gegensatz zu Weißdorn ist ein Befall an Mehlbeere jedoch meist ge-

Abb. 238: Kleine, schwarzbraune Flecken auf den Blättern, verursacht durch den Blattbräunepilz

ringer, da es i. d. R. nicht zu einer maßgeblichen Vitalitätsverschlechterung kommt.

Schadsymptome und Auffälligkeiten an Ästen und am Stamm

Rötende Tramete
(*Daedaleopsis confragosa*)

Die Fruchtkörper dieses holzzerstörenden Pilzes treten an abgestorbenen Ästen auf. Sie sind einjährig, erscheinen jedoch das ganze Jahr hindurch. Es handelt sich um mehr oder weniger halbkreisförmige Hüte, die bis etwa 10 cm breit und bis etwa 2 cm dick werden (Abb. 239). Die Oberseite ist radial gefurcht, zur Mitte hin leicht gebuckelt und in konzentrischen Zonen in verschiedenen Brauntönen gefärbt. Der scharfkantige, leicht wellige Rand ist in der Wachstumsphase gelblich bis hellbraun gefärbt. Auf der Unterseite befinden sich weißliche, unregelmäßig eckige oder lamellig ausgezogene Poren (Abb. 240); an frischen Fruchtkörpern werden sie auf Druck rosafarben. Die Trama ist ockerfarben bis hellbraun und besitzt eine zähe, korkartige Konsistenz. Der Pilz verursacht eine Weißfäule an Totästen. Die Gefahr von Schäden durch herabbrechendes Totholz ist an Mehlbeeren geringer als an anderen Baumarten (→ Linde,

Abb. 239: Die Fruchtkörper einer Rötenden Tramete an einem abgestorbenen Ast

Abb. 240: Die Fruchtkörperunterseite der Rötenden Tramete weist ausgezogene Poren auf

S. 167), da die Bäume recht kleinkronig sind und die Äste aus relativ geringen Höhen herabfallen. Trotzdem sollten zur Herstellung der Bruchsicherheit abgestorbene Totäste ab einem Durchmesser von ca. 5 cm an der Astbasis entfernt werden, insbesondere dann, wenn sie bereits mit Fruchtkörpern besetzt sind, da dies auf einen fortgeschrittenen Holzabbau hindeutet.

Vergabelungen mit eingewachsener Rinde/Zwiesel

Mehlbeeren haben i. d. R. keine durchgehende Stammachse, sondern der Stamm gabelt sich bereits in geringer Höhe in mehrere Stämmlinge und/oder Starkäste (Abb. 241). Aufgrund der vielen,

Abb. 241: Der Stamm von Mehlbeeren gabelt sich oft schon in geringer Höhe in mehrere Starkäste bzw. Stämmlinge

Abb. 242: In den Vergabelungen am Kronenansatz gibt es oftmals eingewachsene Rinde

meist spitzwinkligen Vergabelungen in nahezu gleicher Stammhöhe befindet sich hier häufig eingewachsene Rinde (Abb. 242; → Buche, S. 66). Im Gegensatz zu Baumarten mit weit ausladenden Hauptkronenästen, wie Buche oder Platane, ist bei den kleinkronigeren Mehlbeeren die Last, die auf die Vergabelung einwirkt, deutlich geringer. Daher kommt es hier selten zum Einreißen bzw. Auseinanderbrechen. Aus diesem Grund sind meist auch keine oder nur geringfügige baumpflegerische Maßnahmen erforderlich.

Eingeschränktes Lichtraumprofil und Anfahrschäden

Die relativ kleinkronigen Mehlbeeren werden häufig in enge Straßen und sehr nah an die Fahrbahn gepflanzt, wodurch sich bereits der Stamm im Lichtraumprofil befinden kann. Aufgrund der niedrigen Kronenansätze schränken auch die unteren Äste oftmals das Lichtraumprofil im Straßenbereich ein (→ Kirsche, S. 151, Abb. 243). Gegebenenfalls muss ein Lichtraumprofilschnitt veranlasst werden. Hierbei sollten stärkere Äste möglichst nur eingekürzt und nicht am Stamm entnommen werden, um größere Wunden oder mehrere Wunden in einem Bereich zu vermeiden (→ Eingefaulte Astungswunden, S. 193).

Abb. 243: Aufgrund des niedrigen Kronenansatzes ragen einige der unteren Äste dieser Mehlbeeren-Allee in das Lichtraumprofil

Infolge der oftmals sehr fahrbahnnahen Standorte haben Mehlbeeren zudem häufiger Anfahrschäden. Hierbei sind sowohl die Stämme als auch die niedrig ansetzenden Hauptkronenäste betroffen. Aufgrund der dünnen Rinde führen schon geringe mechanische Einwirkungen zu erheblichen Verletzungen; oftmals entstehen deshalb auch sehr großflächige Stammschäden (Abb. 244). Im Gegensatz zu Astungswunden werden Anfahrschäden auch von Mehlbeeren i. d. R. zunächst engräumig abgeschottet, da es sich normalerweise um eine oberflächliche Verletzung handelt, durch die meist nur die jüngsten Jahrringe geschädigt werden, die noch energiereich sind und effektiv auf eine Verletzung reagieren

Abb. 244: Mehlbeeren weisen häufig viele Anfahrschäden auf

können. Hinsichtlich der Verkehrssicherheit stellen frische Anfahrschäden daher kein Problem dar. Im Laufe von Jahren können sich jedoch bei Mehlbeeren auch Anfahrschäden zu umfangreicheren Stammschäden entwickeln, und zwar bei großflächigen Wunden sowie bei Bäumen mit Vorschäden, wie z. B. bei weit → eingefaulten Astungswunden (siehe unten) oder einer Fäule im Stamm bzw. Stammfuß. Hier besteht dann die Gefahr, dass es zu einem „Ineinanderfließen" des alten Schadens im Innern und des Anfahrschadens kommt. Bei Verdacht auf eine Fäule sollte eine Untersuchung des Holzkörpers erfolgen.

Abb. 245: Alte, eingefaulte Astungswunde, die vormals baumchirurgisch ausgearbeitet worden ist

Eingefaulte Astungswunden

Aufgrund der niedrigen Kronenansätze wird an Mehlbeeren oftmals stark in die Krone eingegriffen, z. B. durch verspäteten Lichtraumprofilschnitt (Abb. 245). Hierdurch entstehen große Astungswunden, die bei Mehlbeeren als schwach abschottende Baumart häufig zu umfangreichen Verfärbungen mit nachfolgender Fäule im Stamm führen. Handelt es sich bereits um größere eingefaulte Wunden, sollte geprüft werden, ob sich die Fäule lediglich auf den Bereich des ehemaligen Astansatzes beschränkt oder ob sich ausgehend von der Wunde eine umfangreiche Fäule entwickelt hat.

Abgestorbene Rindenpartien

Am unteren Stamm können in augenscheinlich ungeschädigten Bereichen abgestorbene Rindenpartien auftreten. Diese fallen häufig erst auf, wenn an dem betreffenden Baum eine Klangprobe z. B. mittels Gummihammer durchgeführt wird und dabei ein dumpfer Klang auftritt bzw. sich die Rinde beim Abklopfen löst oder eingedrückt wird. Dies würde bei intakter Rinde nicht geschehen. Geschädigte Rindenpartien lassen sich mit einem Messer leicht ablösen, da das Kambium abgestorben ist (Abb. 246).

Der dahinter liegende Holzkörper ist in den geschädigten Bereichen meist bräunlich verfärbt, wobei der Übergang zum gesunden, hellen Gewebe scharf abgegrenzt ist (Abb. 247). Verursacher derartiger Absterbeerscheinungen ist i. d. R. der → Hallimasch (S. 196). Das weiße Myzel und/oder die Rhizomorphen sind meist unter der abgestorbenen Rinde erkennbar.

Abb. 246: Abgestorbene Rindenpartie durch Hallimaschbefall am Stamm einer Mehlbeere

Abb. 247: Unter der abgestorbenen Rinde ist der Pilzbefall erkennbar

Schadsymptome und Auffälligkeiten am Stammfuß und an Wurzeln

Lackporling
(*Ganoderma* spp.)

Im Gegensatz zu Baumarten mit ausgeprägten Wurzelanläufen (z. B. Eiche, Linde) geht der Stammfuß bei Mehlbeeren normalerweise gleichmäßig in den Wurzelbereich über, so dass keine deutlichen Wurzelanläufe erkennbar sind. Daher erscheinen die Fruchtkörper direkt am Stammfuß. Hat sich die Fäule bis in den Stamm entwickelt, können die Fruchtkörper auch bis in eine Höhe von ca. 1,5 m Höhe erscheinen (Abb. 248 und 249; → Rosskastanie, S. 287).

Abb. 249: An Mehlbeeren können Fruchtkörper des Lackporlings auch am Stamm erscheinen

Abb. 248: Mehrere Fruchtkörper eines Lackporlings am Stammfuß (Pfeile)

Da es sich bei Mehlbeeren um relativ kleinkronige Bäume handelt, ist die Windlastaufnahme und damit auch die Belastung des geschädigten Bereiches entsprechend gering. Trotzdem kann die Verkehrssicherheit beeinträchtigt sein.

Abb. 250: Die schwarzen Rhizomorphen des Hallimaschs auf dem Holzkörper

Hallimasch

(*Armillaria* spp.)

Aus der Gattung *Armillaria* besiedeln in Europa mindestens fünf verschiedene Arten Bäume und Sträucher. Darunter ist an Park- und Straßenbäumen der Honiggelbe Hallimasch (*A. mellea*) häufig zu finden. Der Hallimasch tritt vor allem an gestressten Bäumen auf, z. B. an durch Trockenheit oder Vernässung geschädigten Bäumen.

Abb. 251: Alte Hallimasch-Fruchtkörper am Stammfuß einer Mehlbeere

Aufmerksam auf einen Befall wird der Baumkontrolleur durch → abgestorbene Rindenpartien (S. 193) und/oder durch Rhizomorphen im Stammfußbereich und am Stamm (Abb. 250). Auf einen Befall können auch schwärzliche Leckstellen am Stammfuß hindeuten. Mit Hilfe seines weißen Fächer-Myzels kann der Pilz das Kambium abtöten, wodurch nachfolgend auch die darüber liegende Rinde abstirbt. Dieser Prozess kann sehr rasch verlaufen, z. T. innerhalb einer Vegetationsperiode. Bei einem umfangreichen Befall kommt es zu starken Vitalitätseinbußen (Laubverluste, Dürrastbildung) bis hin zum Absterben des gesamten Baumes. Zusätzlich zu den Vitalitätsmängeln kann der Pilz auch eine Weißfäule verursachen, deren Schwerpunkt im Stammfuß und Wurzelstock liegt und durch die sowohl die Standsicherheit als auch die Bruchsicherheit beeinträchtigt sein kann. Daher besteht bei einem Verdacht auf einen Befall Handlungsbedarf (z. B. Baumuntersuchung).

Abb. 252: Fruchtkörper vom Hallimasch mit dem charakteristischen häutigen Ring am Stiel

Die Fruchtkörper des Hallimasch erscheinen in der Zeit von Juli bis November, treten aber nicht in jedem Jahr auf. Es handelt sich um einjährige gestielte Hüte, die am oder in der Nähe des Stammfußes in Gruppen wachsen (Abb. 251). Die Hüte werden bis etwa 10 cm breit. Sie sind anfangs kugelig-geschlossen, später ausgebreitet. Die Hutoberseite ist gelblich bis bräunlich und besitzt an jüngeren Fruchtkörpern kleine, dunkle, abwischbare Schuppen. Auf der Unterseite befinden sich dünne, weißliche Lamellen. Die Sporen sind weißlich, anders als beim → Sparrigen Schüppling (siehe S. 198). Der ebenfalls weißliche

Stiel kann bis etwa 12 cm lang werden und weist einen häutigen Ring auf (Abb. 252).

Sparriger Schüppling

(*Pholiota squarrosa*)

Bei den Fruchtkörpern handelt es sich um gestielte Hüte, die in der Zeit von September bis November erscheinen, jedoch nicht in jedem Jahr. Sie wachsen meist in Gruppen am Stammfuß (Abb. 253). Die bis etwa 10 cm breiten Hüte sind gelblich braun gefärbt und besitzen auf der Oberseite zahlreiche spitze, rotbraune Schuppen, die konzentrisch angeordnet sind und sparrig abstehen (Abb. 254). Auf der Unterseite sind schmale, dicht beieinander stehende, blassgelbe Lamellen erkennbar. Der gelbliche, bis 12 cm lange, feste Stiel trägt rotbraune Schuppen, die von der Basis bis fast zum Hut reichen. Bei der Entfaltung der Hüte bleibt am oberen Ende des Stiels meist ein zerrissenes Häutchen stehen. Die Fruchtkörper haben Ähnlichkeiten mit denen des → Hallimasch (S. 196), von dem sie sich durch mehrere Merkmale unterscheiden: Sie besitzen deutlich mehr Schuppen an Hut und Stiel, am Stiel ist kein richtiger Ring ausgebildet und die Sporen sind bräunlich, beim Hallimasch dagegen weiß.

Der Pilz befällt nur alte Bäume, die er über Wurzel- oder Stammwunden besiedelt. Er verursacht im Wurzelstock und Stammfuß eine Weißfäule, die i. d. R. lokal begrenzt ist und sich nur langsam ausbreitet. Trotzdem kann die

Abb. 253: Größere Gruppe des Sparrigen Schüpplings am Stammfuß einer Mehlbeere

Abb. 254: Frische Fruchtkörper mit den typischen, sparrig abstehenden Schuppen

Verkehrssicherheit beeinträchtigt sein. Dies ist meist jedoch nicht bei einem alleinigen Befall durch den Sparrigen Schüppling der Fall, sondern nur in Gemeinschaft mit anderen, aggressiveren Pilzarten, wie → Hallimasch (S. 196) oder → Lackporling (S. 195). Durch eine Baumuntersuchung kann der Umfang der Fäule festgestellt werden.

Riesenporling

(*Meripilus giganteus*)

Die Fruchtkörper erscheinen an Mehlbeere, im Gegensatz z. B. zu → Buche (S. 82), meist nur mit einem und zudem auch kleineren Fruchtkörper-Horst (Abb. 255 und 256). Trotzdem kann eine umfangreiche Fäule vorliegen.

Abb. 255: Ein sich gerade entwicklender Fruchtkörper des Riesenporlings

Abb. 256: Alter Fruchtkörper-Horst eines Riesenporlings am Stammfuß einer Mehlbeere

Stockfäule ohne vorhandene Pilzfruchtkörper

Mehlbeeren neigen ab einem Alter von 60–80 Jahren verstärkt zu Fäulen im Stammfuß und Wurzelstock, ohne dass sich Fruchtkörper des jeweiligen Pilzes zeigen (Abb. 257). Verursacher derartiger Fäulen sind z. B. der → Lackporling (S. 195), der → Hallimasch (S. 196), der → Sparrige Schüppling (S. 198) oder der → Riesenporling (S. 199). Mögliche Anzeichen für eine Fäule können sein: eine Verdickung des Stammfußes (Abb. 258), → abgestorbene Rindenpartien (S. 193), das verstärkte Auftreten von Ameisen am Stammfuß und/oder das Vorhandensein von Bohrmehl.

Abb. 257: Fäule im Stammfuß ohne Fruchtkörperbildung

Abb. 258: Verdickter Stammfuß einer Mehlbeere – ein mögliches Anzeichen für eine Fäule im Stammfuß

10. Pappel (*Populus*)

Seite

Schadsymptome und Auffälligkeiten

an Blättern und Trieben:

an Ästen und am Stamm:

am Stammfuß und an Wurzeln:

Verbreitung und Verwendung

Die Gattung *Populus* besteht aus 35 bis 40 sommergrünen Arten sowie verschiedenen Hybriden und Varietäten, die zum Teil schwer unterscheidbar sind. Sie sind alle in den gemäßigten Breiten der nördlichen Hemisphäre beheimatet. Die nachfolgenden Ausführungen beziehen sich auf die folgend genannten, häufig vorkommenden Arten und Hybriden: Balsam-Pappel (*P. balsamifera*), Berliner Lorbeer-Pappel (*P. × berolinensis*), Kanadische Pappel (*P. × canadensis*), Grau-Pappel (*P. × canescens*), Schwarz-Pappel (*P. nigra*), Säulen- oder Pyramidenpappel (*P. nigra* 'Italica'), Silber- oder Weiß-Pappel (*P. alba*) sowie Zitter-Pappel oder Espe (*P. tremula*).

In Parkanlagen und großen Gärten stellen Pappeln aufgrund ihrer Größe und ihres Habitus wichtige Gestaltungselemente dar. Vielfach finden sie Verwendung als Windschutzpflanzungen, z. B. an Sportplätzen, zur Ufer- und Böschungsbefestigung sowie zur Haldenbegrünung, und sie eignen sich zur Verwendung in der freien Landschaft. Da Pappeln raschwüchsig sind, können sie binnen weniger Jahre sehr groß werden, im innerstädtischen Bereich häufig zu groß, so dass oftmals radikale Schnittmaßnahmen oder Fällungen durchgeführt werden. Zudem verursachen Pappeln mit ihren weitreichenden, „aggressiven" Wurzeln Schäden, z. B. an Straßenbelägen und Abwasserleitungen (→ Flachstreichende Wurzeln und Wurzelbrut, S. 224).

Baumbiologie

Aufgrund ihrer Schnellwüchsigkeit haben viele Pappeln nur eine kurze Lebenserwartung. So werden z. B. die Kanadische Pappel sowie die Lorbeer- und die Zitter-Pappel meist nicht älter 60–80 Jahre. Weiß- und Schwarz-Pappel können dagegen an geeigneten Standorten durchaus ein Alter von mehreren hundert Jahren erreichen. Dabei neigen Pappeln allgemein zu Fäulen im Stammfuß, und zwar teilweise auch schon in jüngeren Jahren.

Pappeln gehören zu den Bäumen, die im Stamminnern oftmals einen sog. Falschkern ausbilden. Dieser ist im frischen Zustand meist gelblich gefärbt, später dunklelt er nach und erscheint grünlich bis braun. Damit hebt er sich deutlich

Abb. 259: Die Pappel hat ein helles Holz; bei diesem Querschnitt ist auch der typische Falschkern ausgebildet

von dem äußeren, gelblich-weißen Holz ab (Abb. 259). Der Falschkern weist im Gegensatz zum echten Kernholz (→ Eiche, S. 88) keine erhöhte natürliche Resistenz auf.

Bei Pappeln kann es zu einer Vernässung des Falschkerns kommen, der dann als Nasskern bezeichnet wird. Er ist meist von Bakterien besiedelt und riecht unangenehm säuerlich. Weder Falschkern noch Nasskern stellen allein ein Problem für die Baumstatik dar. Nach Verletzungen, die bis an den Falsch- bzw. Nasskern reichen, können sich in diesen Bereichen jedoch rasch Fäulen entwickeln, die die Bruchsicherheit des Baumes beeinträchtigen können.

Pappeln besitzen ein zerstreutporiges Holz mit kleinen, mit bloßem Auge nicht erkennbaren Gefäßen, die mehr oder weniger gleichmäßig über einen Jahrring verteilt sind. Dabei sind die Jahrringgrenzen nicht immer deutlich ausgeprägt. Hinsichtlich des Abschottungsvermögens zählen Pappeln zu den schwach abschottenden Baumarten, bei denen z. B. vergleichsweise kleine Astungswunden bereits zu umfangreichen Verfärbungen mit nachfolgender Fäule im Stamm führen können.

Schadsymptome und Auffälligkeiten an Blättern und Trieben

Blattflecken durch *Marssonina*
(*Marssonina brunnea*)

Diese pilzliche Erkrankung kommt ausschließlich an Schwarz-Pappeln und ihren Hybriden vor. Auf den Blattoberseiten bilden sich im Laufe des Sommers kleine, schwarzbraune Punkte, die die gesamte Blattspreite überziehen können und oftmals zu größeren Flecken zusammenfließen (Abb. 260). An den Blattstielen und Trieben entwickeln sich Nekrosen, die im Spätsommer zum Vergilben und Welken der Blätter sowie zum vorzeitigen Blattfall führen. Die Verbreitung erfolgt im Sommer mit Hilfe von Konidien (asexuell entstandene Sporen), die im Blattgewebe heranreifen.

Durch seltene oder nur geringfügige Befälle wird der Baum nicht nachhaltig beeinträchtigt. Kritisch

Abb. 260: Blattflecken durch *Marssonina*-Befall (Foto: BBA/Forst)

Abb. 261: Vorzeitiger Blattfall durch die *Marssonina*-Krankheit (Foto: BBA/Forst)

ist ein wiederholtes Auftreten, da dann die Seitenknospen der betroffenen Triebe nicht oder nur verzögert austreiben. Hierdurch erhält der Baum ein schütteres Aussehen (Abb. 261). An Altbäumen können in Verbindung mit einem Befall durch Schwächeparasiten einzelne Äste absterben, an jüngeren Bäumen auch ganze Kronen. Eine mechanische oder chemische Bekämpfung ist nicht praktikabel, stark befallene Bäume sollten entfernt werden. Eine Beeinträchtigung der Bruchsicherheit besteht erst, wenn sich stärkeres → Totholz (S. 210) gebildet hat.

Blatt- und Triebschäden durch Triebspitzenkrankheit

(*Pollaccia radiosa*)

Dieser pilzliche Erreger tritt vor allem an Zitter-Pappeln auf, zuweilen auch an Weiß- oder Graupappeln. Auf den Blattoberseiten können im Laufe der Vegetationsperiode kleine, unregelmäßig geformte, braune Flecken entstehen, die dunkel umrandet sind. Nach wenigen Tagen zeigen sie in der Mitte olivgrüne, samtartige Bereiche, bei denen es sich um Sporenlager handelt (Lupe!). Das Myzel des Pilzes wächst bei geeigneten Bedingungen (z. B. ausreichender Feuchtigkeit) über den Blattstiel in die Rinde einjähriger Triebe. In der Folge kommt es zum Welken der Triebe, die sich schwärzlich verfärben. Die Triebspitzen krümmen sich hakenförmig nach unten (Abb. 262). Später treten an den Trieben ebenfalls die o. g. olivgrünen Sporenlager auf. Das Myzel überwintert auf den abgestorbenen Knospen, von wo aus im folgenden Jahr die Neuinfektion erfolgt.

Abb. 262: Hakenförmig gekrümmter, abgestorbener Trieb durch Triebspitzenkrankheit
(Foto: BBA/Forst)

Bei wiederholtem Befall können alte Pappeln Wachstumsstörungen zeigen, teilweise kann auch eine Verbuschung entstehen. An Jungbäumen kann es sogar zum Absterben kommen. Eine Beeinträchtigung der Bruchsicherheit durch → Totholz (S. 210) besteht erst, wenn sich stärkere Totäste gebildet haben. Verwechselt werden können die Schäden mit einem Frostschaden. In diesem Fall sind jedoch keine Pilzfruchtkörper vorhanden.

Blattflecken durch Pappelblattrost

(*Melampsora* sp.)

Zu dieser Rostpilz-Gattung gehören zahlreiche Arten. Einer der wichtigsten Erreger ist *M. laricipopulina* an Schwarz-Pappel und deren Hybriden, auf den sich die folgenden Ausführungen beziehen. Auf der Oberseite befallener Blätter zeigt sich im Sommer eine chlorotische Sprenkelung, die sich meist über die ganze Blattfläche ausbreitet (Abb. 263). Auf der Blattunterseite sind die orangefarbenen Sporenlager des Pilzes erkennbar (Lupe!). Bei einem starken Befall vertrocknen die Blätter und es kommt zu einem vorzeitigen Blattverlust. Bei mehrmals aufeinander folgenden Befällen können das Trieb- und Wurzelwachstum verringert werden. Nachfolgend kann der Baum eine erhöhte Anfälligkeit für andere Krankheiten entwickeln, wie beispielsweise für den → Rindenbrand der Pappel (S. 208).

Abb. 263: Blattschäden durch Pappelblattrost

Durch die Züchtung mehr oder weniger resistenter Klone haben sich die Schäden durch Pappelblattrost deutlich verringert. An Jungbäumen kann bei starkem Befall der Einsatz eines Fungizids sinnvoll sein (zuständige amtliche Pflanzenschutzstelle befragen), an Altbäumen ist dies jedoch nicht praktikabel. Da der Pilz wirtswechselnd mit Lärche ist, verringert sich der Befallsdruck mit zunehmendem Abstand zwischen diesen Baumarten.

Wipfeldürre

Vor allem Schwarz-Pappeln, besonders Pyramiden-Pappeln, neigen zu einer verstärkten Totholzbildung in der Oberkrone, auch Zopftrocknis genannt (Abb. 264 und 265). Ursächlich für diese Komplexkrankheit sind Frosteinwirkung, ungünstige Standortbedingungen sowie der → Rindenbrand der Pappel (S. 208). Im Normalfall handelt es sich um dünnere Totäste, die die Bruchsicherheit nicht beeinträchtigen. Erreicht das → Totholz (S. 210) größere Durchmesser, besteht Handlungsbedarf.

Abb. 264: Wipfeldürre an einer Pyramiden-Pappel

Abb. 265: Starke Wipfeldürre an einer Baumreihe aus Pyramiden-Pappeln (Foto: H. Stobbe)

Kronenschäden durch Rindenbrand der Pappel
(*Cryptodiaporthe populea*)

Die Kronenschäden (→ Wipfeldürren, S. 207) zeigen sich häufig an älteren Schwarz-Pappeln, selten an Weiß-, Grau- oder Zitter-Pappeln. Ursache hierfür sind ellipsenförmige, bräunliche Rindennekrosen, die im Bereich eines Astansatzes entstehen (Abb. 266). Kleine Schäden kann der Baum meist innerhalb eines Jahres eingrenzen und überwallen. Gelingt ihm dies nicht, können sich die Nekrosen in das benachbarte gesunde Gewebe ausbreiten, wodurch im Laufe der Zeit krebsartige Bereiche entstehen, die zum Absterben der betroffenen Zweige führen können (Abb. 267).

An älteren Pappeln können am Stamm noch weitere Rindenschäden auftreten, die als „Pappel- oder Braunfleckengrind" bezeichnet werden. Diese zeigen sich in unverborkten Bereichen in Form von bis ca. 20 cm großen, ovalen, ein-

Abb. 266: Rindenbrand der Pappel – Rindennekrose im Bereich eines Astansatzes (Foto: BBA/Forst)

Abb. 267: Ältere, krebsartige Rindennekrose durch Rindenbrand der Pappel

gesunkenen Rindennekrosen, und zwar bevorzugt im Bereich eines ehemaligen Astansatzes. In bereits verborkten Bereichen sind sie erst nach dem Entfernen der Borke erkennbar. Auf der abgestorbenen Rinde erscheinen im Frühjahr und Sommer ca. 1 mm große Fruchtkörper, aus denen Konidiosporen als dunkle Sporenranken austreten (Lupe!).

Die Schäden werden von vitalen Bäumen meist innerhalb weniger Jahre überwallt. Bei geschwächten Bäumen kann der Befall jedoch zum Absterben von Kronenteilen oder des gesamten Baumes führen, das normalerweise in der Oberkrone beginnt. Gefördert wird ein Befall durch Wassermangel in der Rinde, durch ungünstige Standortbedingungen (z. B. Staunässe) und/oder durch Frosteinwirkung. Der Befall kann daher in einzelnen Jahren besonders stark sein, wie z. B. im Jahr 2003.

Zweigabsprünge

An Pappeln können Zweigabsprünge auftreten (→ Eiche, S. 91). Im Gegensatz zu Eiche sind die abgeworfenen Triebe meist etwas länger, doch kommt es auch hier aufgrund der geringen Astdurchmesser (Feinstäste) nicht zu einer Beeinträchtigung der Bruchsicherheit (Abb. 268).

Abb. 268: Zweigabsprünge einer Pappel

Schadsymptome und Auffälligkeiten an Ästen und am Stamm

Totholz

Pappeln gehören zu den Baumarten, die in starkem Maße Totholz bilden. Zum einen kommt es häufig – insbesondere an Pyramiden-Pappeln – zu einem Absterben der Kronenspitze (→ Wipfeldürre, S. 207) oder auch zu umfangreicheren Absterbeerscheinungen an Trieben und Ästen in der gesamten Kronenperipherie. Zum anderen treten an Pappeln häufig Totäste in inneren und unteren Kronenbereichen auf, die sich im Gegensatz zur Wipfeldürre nicht aufgrund von Schaderregern oder nachlassender Vitalität entwickelt haben, sondern infolge von Lichtmangel (Abb. 269) entstanden sind. Diese abgestorbenen Schattenäste sind oftmals mehrere Meter lang. Sie werden meist rasch von holzzerstörenden Pilzen besiedelt und verbleiben nicht lange in der Krone. Unterliegen die Bäume der Verkehrssicherungspflicht, müssen unabhängig von der Art der Totholzentstehung stärkere Totäste (ab etwa 5 cm Durchmesser an der Astbasis) zur Herstellung der Bruchsicherheit entfernt werden.

Abb. 269: Langer Totast im Kroneninnern (Pfeil)

Windbruchschäden/ Grünastabbrüche

Pappeln gelten allgemein als bruchgefährdet. Typischerweise treten zwei verschiedene Schäden auf, und zwar Windbruch sowie sog. Grünastabbrüche.

Bei starkem Windangriff kann es an exponiert stehenden Bäumen und dort meist in den oberen

Abb. 270: Windbruchschaden an einer exponiert stehenden Pappel

oder äußeren Kronenbereichen zu Bruchschäden kommen (Abb. 270). Durch das Herunterbrechen von Ästen oder Kronenteilen können weitere Schäden in tieferen Kronenbereichen entstehen. Es können sogar Starkäste – in Extremfällen auch Stämmlinge – betroffen sein. Bei einem reinen Windbruchschaden sind die herausbrechenden Äste intakt, weisen also keine Vorschäden auf (Abb. 271).

Abb. 271: Durch Windbruch geschädigter Starkast einer Pappel – der Ast weist keinen Vorschaden auf

Bei Grünastabbrüchen sind die herausbrechenden Äste ebenfalls intakt, doch handelt es sich meist um Äste der unteren oder mittleren Krone (Abb. 272; → Rosskastanie, S. 272). Auffallend ist, dass einzelne Exemplare offenbar zu wiederholten Grünastabbrüchen

Abb. 272:
Grünastabbruch infolge sommerlicher Trockenheit – die Bruchfläche zeigt keine Vorschäden

neigen, während es bei anderen Pappeln nicht auftritt.

Sowohl Windbruchschäden als auch Grünastabbrüche sind nicht vorhersehbar. Trotzdem sollte bei Pappeln, an denen unabhängig von der Entstehungsart wiederholt Äste herunterbrechen und die der Verkehrssicherungspflicht unterliegen, eine Fällung erwogen werden, da aufgrund der wiederholten Brüche weitere Schäden nicht auszuschließen sind.

Misteln
(*Viscum album* ssp. *album*)

Bei der Laubholzmistel handelt es sich um eine immergrüne, parasitisch lebende Pflanze, die auf den Ästen wächst und die besonders in den Wintermonaten auffällt (Abb. 273). Misteln bilden auf kleinen Stämmchen gabelig verzweigte Büsche, die Durchmesser von bis zu 1 m erreichen können. An den Enden der Zweige sitzen jeweils zwei ledrige, gegenständige Blätter. Die Mistel bildet zunächst eine Senkerwurzel, die durch die Rinde bis zum Holzkörper wächst. In der Folgezeit werden weitere sog. Rindenwurzeln gebildet, die ebenfalls nur bis zum Holzkörper wachsen, nicht aber in diesen hinein. Erst mit zunehmendem Dickenwachstum des Baumes werden die Wurzeln umwachsen, so dass zwischen dem Gewebe der Mistel und dem des Wirtsbaumes eine feste Verbindung zustande kommt. Durch diese Verwachsung können Mis-

Abb. 273: Starker Mistelbefall in Pappelkronen (Foto: H. STOBBE)

teln der jeweiligen Wirtspflanze nicht nur Wasser und Mineralsalze entziehen, sondern auch Kohlenhydrate.

Das Vorkommen von Misteln ist regional sehr unterschiedlich. Eine Bekämpfung ist nur bei starkem Vorkommen erforderlich, wenn es zum Verkümmern bzw. Absterben der betroffenen Äste oberhalb der Befallsstelle kommt. Bei einem starken Befall kann allein durch das Gewicht der Mistel eine erhöhte Bruchgefahr der betroffenen Astpartien entstehen.

Eine Bekämpfung durch bloßes Abschneiden der Misteln ist nicht möglich, da sich die Pflanzen ausgehend von den Senkerwurzeln wieder regenerieren können. Allerdings wird durch das Entfernen der Misteln eine Weiterverbreitung der Samen durch Vögel verhindert. Um den Neuaustrieb aus der Befallsstelle zu unterbinden, kann ggf. ein Umwickeln der Befallsstelle mit schwarzer Folie erfolgen. Als Alternative bleibt nur das Abschneiden des Astes unterhalb der Befallsstelle. Dies ist bei der schwach abschottenden Pappel jedoch nur bedingt zu empfehlen, zumal dadurch in den Habitus eingriffen wird.

Spechtlöcher/Nisthöhlen

Pappeln weisen häufiger Spechtlöcher oder Öffnungen von Nisthöhlen in Stämmen und Stämmlingen auf (Abb. 274; → Eiche, S. 97).

Abb. 274: Spechtloch mit dahinter liegender Höhlung im Bereich einer überwallten Astungswunde

Da Pappeln einen Falschkern aufweisen und Wunden nur schwach abschotten können, ist bei derartigen Schäden stets mit einer umfangreicheren Fäule zu rechnen. Zusätzlich ist bei dieser Baumart zu berücksichtigen, dass selbst intaktes Holz eine deutlich geringere Bruchfestigkeit hat als beispielsweise bei Eichen oder Buchen.

Kappungen

Da Pappeln oftmals große Kronenoberhöhen erreichen und zudem als bruchgefährdet gelten, werden sie oftmals gekappt oder stark eingekürzt (Abb. 275). Nachfolgend zeigt sich häufig ein starker Neuaustrieb (Abb. 276). Allerdings kann es passieren, dass Pappeln nach einer Kappung nicht oder nur noch teilweise austreiben (Abb. 277). Bei Pappeln führen diese Maßnahmen meist zu umfangreichen Fäulen im Bereich der Kappstellen (Abb. 278).

Abb. 275: Aufgrund ihrer Größe werden Pappeln häufig gekappt

Abb. 276: Nach der Kappung bilden sich viele Neuaustriebe an den geschnittenen Ästen und Stämmlingen

Abb. 277: Manchmal treiben Pappeln nach einer Kappung nicht mehr aus

Abb. 278: Die Kappstellen faulen an Pappel meist tief ein, auch wenn sich wie hier eine starke Überwallung zeigt

Abb. 279: Mehrere lange und schwere Ständer an einer alten Kappstelle

Liegt die Kappung oder starke Kroneneinkürzung bereits lange zurück und sind zwischenzeitlich keine Pflegemaßnahmen durchgeführt worden, sind an den Schnittstellen meist zahlreiche Neuaustriebe, sog. Ständer, entstanden (Abb. 279). Bei Pappeln können diese Sekundäräste bereits nach wenigen Jahren mehrere Meter lang sein. Werden die Ständer dann zu lang und schwer, kann deren Gewicht von den eingefaulten Ästen bzw. Kappstellen nicht mehr getragen werden.

Abb. 280: Abgebrochener Neuaustrieb eineinhalb Jahre nach der Kappung – der Trieb war nicht fest mit dem Holzkörper verwachsen

Eine Besonderheit bei Pappeln besteht darin, dass sich manche Sekundärtriebe nicht aus schlafenden Knospen bilden und damit fest mit dem Holzkörper verwachsen sind, sondern sich zwischen Rinde und Holz entwickeln, daher eine schlechtere Anbindung an den Holzkörper aufweisen und deshalb abbrechen (Abb. 280).

An Pappeln mit eingefaulten Kappstellen besteht Handlungsbedarf. Vor erneuten Schnittmaßnahmen sollte jedoch eine Baumuntersuchung erfolgen, um zu prüfen, ob sich der Erhalt des Baumes noch lohnt und ob baumpflegerische Maßnahmen (z. B. Einkürzungen) oder eine Fällung erforderlich sind.

Diese Vorgehensweise gilt auch für große Astungswunden, die bei Pappel i. d. R. ebenfalls nicht engräumig abgeschottet werden.

Abb. 281: Eingewachsene Rinde an einer Pyramiden-Pappel

Vergabelungen mit eingewachsener Rinde/Zwiesel

Unter den Pappelarten neigen vor allem Pyramiden-Pappeln zu Vergabelungen mit eingewachsener Rinde (Abb. 281; → Buche, S. 66). Im Gegensatz zu anderen Baumarten (z. B. Ahorn, Buche) kommt es hier allerdings nur selten zum Einreißen der Vergabelung, da die Stämmlinge und Äste parallel nach oben wachsen, so dass die auf diesen Bereich einwirkende Kraft relativ gering ist.

Pappelschüppling
(*Hemipholiota populnea*;
Syn. *Pholiota destruens*)

Die einjährigen Fruchtkörper können im Herbst am Stamm und Stammfuß auftreten, doch erscheinen sie nicht in jedem Jahr. Sie treten meist im Bereich von Wunden auf (Abb. 282). Es handelt sich um

Abb. 282:
Pappelschüppling an einer Stammwunde

Abb. 283:
Faserige Schuppen auf der Oberseite eines Pappelschüpplings

gestielte Hüte, die bis etwa 12 cm breit werden. Sie sind oberseits etwas klebrig, gelblich-braun gefärbt und besitzen insbesondere am Rand große weißliche, faserige und abziehbare Schuppen (Abb. 283). Auf der Hutunterseite befinden sich weißliche Lamellen. Der bis ca. 10 cm lange und 3 cm dicke Stiel hat an der knollig verdickten Basis zahlreiche weißliche, hochgebogene Schuppen. Nach Entfaltung des Hutes verbleibt am Stiel ein flockiger, faseriger Ring.

Der fast ausschließlich an Pappeln auftretende Pappelschüppling verursacht eine Weißfäule, durch die die Verkehrssicherheit beeinträchtigt sein kann. Aus diesem Grund besteht Handlungsbedarf, z. B. eine Baumuntersuchung.

Schadsymptome und Auffälligkeiten am Stammfuß und an Wurzeln

Brettwurzeln

Speziell Pyramiden-Pappeln bilden sog. Brettwurzeln aus. Hierbei handelt es sich um auf der Oberseite verdickte Wurzelanläufe, die sich brettartig am Stamm hinaufziehen können (Abb. 284). Sie gehören zum art- bzw. sortenspezifischen Wuchs. Brettwurzeln allein stellen daher kein Anzeichen für eine Fäule im Stammfuß dar. Bei Verdacht auf eine Fäule kann bereits der Einsatz eines Schonhammers Aufschluss über den Zustand des Stammfußes geben. Dabei ist jedoch zu beachten, dass bei der Klangprobe der Holzkörper an den Seiten von Brettwurzeln oftmals hohl klingt, obwohl keine Fäule vorhanden ist. Falls eine → Stockfäule (S. 220) vorhanden ist, zeigen sich Anzeichen zuerst zwischen den Wurzelanläufen.

Abb. 284: Pyramiden-Pappeln bilden oft sog. Brettwurzeln aus

Lackporling
(*Ganoderma* spp.)

Die mehrjährigen Fruchtkörper erscheinen meist zwischen den Wurzelanläufen (Abb. 285; → Rosskastanie, S. 287). Die Weißfäule im Wurzelstock und Stammfuß kann sich an Pappel auch in den Stamm hochziehen.

Abb. 285: Mehrere Fruchtkörper eines Lackporlings am Stammfuß einer Pappel

Hallimasch (*Armillaria* spp.)

An Pappel wird der Baumkontrolleur auf einen Befall meist durch abgestorbene Rindenpartien oder die Rhizomorphen aufmerksam (Abb. 286; → Mehlbeere, S. 196), seltener durch die Fruchtkörper.

Abb. 286: Rhizomorphen vom Hallimasch unter abgestorbener Rinde

Stockfäule ohne vorhandene Pilzfruchtkörper

Pappeln neigen mit zunehmendem Alter zu Fäulen im Stammfuß und Wurzelstock, und zwar normalerweise ohne, dass die jeweiligen holzzerstörenden Pilze Fruchtkörper ausbilden (Abb. 287; → Esche, S. 134). Als Fäuleerreger kommen an Pappel neben dem → Pappelschüppling (S. 217), auch

Abb. 287: Fäule im Stammfuß einer Pappel ohne Pilzfruchtkörper

→ Lackporling (S. 219) und → Hallimasch (S. 220) in Frage. Ausgeprägte Wurzelanläufe, z. B. → Brettwurzeln (S. 219), sind an Pyramiden-Pappeln häufig; sie sagen jedoch nichts über den Zustand des Holzkörpers aus.

Löcher in der Borke durch Großen Pappelbock

(*Saperda carcharias*)

Am unteren Stamm jüngerer Pappeln sowie auch an Ästen älterer Exemplare befinden sich kleine, meist etwas ausgefranste Löcher in der Rinde, die mit Holzspänen gefüllt sind. Der Käfer befällt sowohl geschwächte als auch vitale Bäume. Im Bereich der Befallsstellen schwellen die Stämme und Äste an. Beim Anschneiden der Borke kommen geschädigte Kambialbereiche sowie vertikal verlaufende, bis etwa 25 cm lange Fraßgänge der Larven im Holz zum Vorschein. Die Verpuppung der bis 4 cm langen Larven erfolgt erst im Sommer des 2. oder 3. Jahres im Baum. Die gelbbraun behaarten und bis 30 mm langen Jungkäfer verursachen einen Lochfraß am Laub sowie Nageschäden an der Rinde junger Triebe. Die Weibchen legen ihre Eier an der Stammbasis ab, nachdem sie einen bis auf das Splintholz reichenden Spalt in die Rinde genagt haben. Eine chemische Bekämpfung ist nur bei einem starken Auftreten sinnvoll, und zwar während der Flugzeit der Käfer vor und während der Eiablage (zuständige amtliche

Abb. 288: Alte Bohrlöcher vom Großen Pappelbock im Stamm

Pflanzenschutzstelle befragen). Bei dünnen Stämmen kann es infolge umfangreicher Holzschäden auch zu einer mangelnden Bruchsicherheit kommen.

An Stämmen älterer Pappeln sind die Bohrlöcher z. T. noch gut in der Borke erkennbar (Abb. 288). Sie stellen allein jedoch keinen Hinweis für eine umfangreiche Fäule dar, sondern sind „Überbleibsel" eines Befalls in jungen Jahren. Bei Verdacht auf eine Fäule kann eine Baumuntersuchung Klärung bringen.

Löcher in der Borke durch Hornissenglasflügler

(*Sesia apiformis*)

Bei einem Befall durch diesen Falter sind ca. 5 mm große Löcher am Stammfuß erkennbar (Abb. 289). Dahinter liegen die vertikalen Fraßgänge der Larven, die den Holzkörper des Stammes durchziehen und bis in die Wurzeln hineinreichen können. Die bis 40 mm großen, gelblich-weißen Larven haben einen, dunklen Kopf. Die Entwicklung der Larven kann bis zu vier Jahre dauern. Sie verpuppen sich in der Borke knapp oberhalb des Bodens in einem silbergrauen Kokon, der mit körnigem Rindenmaterial überzogen ist. Beim Schlüpfen des Falters wird der Kokon aus der Borke herausgeworfen und bleibt am Stammfuß liegen. Die Flugzeit der hornissenähnlichen Falter liegt zwischen Ende Mai und Ende Juli (Abb. 290). Die Flügelspannweite beträgt bis zu 45 mm.

Abb. 289: Löcher im Stammfuß durch Hornissenglasflügler

Abb. 290: Der Hornissenglasflügler während der Flugzeit

An jüngeren Bäumen können Vitalitätsmängel entstehen. Zudem können sich im Bereich der Fraßgänge infolge der schwachen Abschottung der Pappel umfangreichere Verfärbungen mit nachfolgender Fäule entwickeln. An dünnen Stämmen kann es auch zu statischen Problemen kommen. Bei älteren Pappeln sind die Bohrlöcher allein kein Anzeichen für einen größeren Defekt. Bei Verdacht auf einen umfangreichen Schaden sollte eine Baumuntersuchung durchgeführt werden.

Abb. 291: Oberflächennahe Wurzel im Asphalt

Flachstreichende Wurzeln und Wurzelbrut

Pappeln zeichnen sich durch ein „aggressives", weitstreichendes Wurzelsystem aus, durch das im städtischen Bereich oft Probleme entstehen. So können die Wurzeln auch noch in größerer Entfernung vom Stamm Schäden an Wegebelägen, Drainagen und Abwasserleitungen anrichten (Abb. 291). Zudem können mehrere Arten und Hybriden der Pappel aus oberflächennahen Wurzeln neue Sprosse bilden, die sog. Wurzelbrut. Dies kann langfristig zu einer Verbuschung von Freiflächen führen (Abb. 292).

Abb. 292: Typische Wurzelbrut von Pappeln – sie kann zur Verbuschung von Freiflächen führen

11. Platane (*Platanus*)

Schadsymptome und Auffälligkeiten

an Blättern und Trieben:

an Ästen und am Stamm:

am Stammfuß und an Wurzeln:

Verbreitung und Verwendung

Die Gattung *Platanus* besteht aus zehn sommergrünen Arten. Die weiteste Verbreitung besitzt die Ahornblättrige Platane (*P.* × *hispanica, syn. P.* × *acerifolia*), die in Europa zu den häufigsten Park- und Straßenbäumen gehört und auf die sich die nachfolgenden Ausführungen beziehen. Seltener kommt die Morgenländische Platane (*P. orientalis*) vor.

Während Platanen in Deutschland früher vor allem in Parkanlagen Verwendung fanden, wurden sie vom Ende der 60er bis Ende der 80er Jahre in großen Stückzahlen auch an Straßen gepflanzt. Die Ursache hierfür lag in der zunehmenden Streusalzbelastung und den nachfolgenden Schäden an den bis dahin hauptsächlich verwendeten, salzempfindlichen Baumarten, wie z. B. Linde und Rosskastanie. Platanen sind dagegen gegenüber Streusalz toleranter. Darüber hinaus gilt die Baumart allgemein als robust, industrie- und rauchfest, und kommt damit auf innerstädtischen und trocken-warmen Standorten gut zurecht, auch wenn tiefgründige und genügend feuchte Böden bevorzugt werden. Da die Platane sehr schnittverträglich ist, wird sie häufig als Kopfbaum oder Formgehölz gezogen.

Baumbiologie

Platanen können ein hohes Alter erreichen; 250–300 Jahre sind keine Seltenheit. Sie gehören zu den Baumarten, die im Stamminneren häufig einen sog. Falschkern ausbilden, der rötlichgrau gefärbt ist und sich vom äußeren, gelblich-weißen Holz abhebt, wobei der Übergang zwischen beiden Bereichen meist unscharf ist (Abb. 293). Die Ursache für einen Falschkern liegt in bestimmten Umwelteinflüssen bzw. Ereignissen, z. B. Astabbrüche in der Krone, durch die es zu einem Lufteintritt im Stamminnern gekommen ist. Der Falschkern weist keine erhöhte natürliche Resistenz gegenüber holzzerstörenden Pilzen auf.

Platanen besitzen ein zerstreutporiges Holz, in dem zum Spätholz hin Größe und Anzahl der Gefäße abnehmen. Die Jahrringgrenzen sowie die breiten, relativ dicht gestellten Holzstrahlen sind bereits mit bloßem Auge erkennbar. Platanen zählen zu den effektiv abschottenden Baumarten, die selbst größere Astungswunden noch gut abschotten können.

Abb. 293: Platane hat ein weißlichgelbes Holz; der Falschkern ist rötlich grau gefärbt; im Innern liegt hier zudem eine Fäule vor

Schadsymptome und Auffälligkeiten an Blättern und Trieben

Blattflecken durch Blattbräune
(*Apiognomonia veneta*)

Zum Zeitpunkt der Blattentfaltung zeigen sich an den Blättern zunächst blassgrüne, dann bräunlich werdende, zackenförmige Verfärbungen, die im Bereich der Blattadern erscheinen (Abb. 294). Es kann fast die gesamte Blattspreite betroffen sein. Stark befallene Blätter können absterben und vorzeitig abfallen. Die Verfärbungen kommen praktisch in jedem Jahr in der gesamten Krone vor, allerdings in unterschiedlicher Intensität.

Vor allem in feuchten und kühlen Frühjahren können auch umfangreiche Welkeerscheinungen auftreten. Hierbei kommt es zum Welken und Vertrocknen junger, sich gerade entwickelnder Triebe (Abb. 295). Verursacht werden diese Welkesymptome durch kleine Nekrosen, die sich am vorjährigen Trieb im Bereich ehemaliger Knospen bzw. Blattnarben entwickeln (Abb. 296). Ist der Baum nicht in der Lage, die Nekrosen einzugrenzen und zu überwallen, können sie sich von den Knospen ausgehend weiter ausbreiten und zum Welken des darüber liegenden Triebabschnitts führen. Die alten, überwallten Nekrosen sind noch über viele Jahre an den Trieben erkennbar. Die Blattbräune wird wegen der Welkesymptome

Abb. 294:
Blattflecken durch Blattbräunepilz – die Flecken entstehen stets entlang der Blattadern

Abb. 295:
Durch die Blattbräune verursachte Triebwelke im Frühjahr

Abb. 296:
Einjährige Rindennekrose im Bereich einer Knospe mit beginnender Überwallung

oft fälschlicherweise auch als → Platanenwelke (S. 229) bezeichnet.

Durch den vorzeitigen Blattfall kann die Krone bis in den Frühsommer hinein stark verlichtet und geschwächt aussehen. Die Platane verfügt jedoch über ein hohes Regenerationsvermögen, so dass die entstandenen Laub- und Triebverluste durch einen zweiten Austrieb meist kompensiert werden. Eine maßgebliche Beeinträchtigung der Vitalität entsteht daher nicht.

Um den Befallsdruck zu verringern, ist es sinnvoll, das Falllaub zu entfernen, da von dort im Frühjahr die Neuinfektion erfolgt. An Jungbäumen kann bei starkem Befall das Herausschneiden der betroffenen Astpartien sowie der Einsatz von Fungiziden sinnvoll sein (zuständige amtliche Pflanzenschutzstelle befragen), an Altbäumen ist dies meist nicht praktikabel.

Verwechselt werden können die Welkesymptome der Blattbräune mit einem Spätfrostschaden. Er unterscheidet sich jedoch durch das Fehlen von Nekrosen im Bereich der ehemaligen Knospen.

Platanenwelke/Platanenkrebs
(*Ceratocystis fimbriata* f. *platani*)

Es handelt sich um eine rinden- und gefäßparasitäre Erkrankung, die bisher nicht in Deutschland aufgetreten ist. Die Krankheit ist meldepflichtig und bei Verdacht ist die zuständige amtliche Pflanzenschutzstelle zu informieren. Von eigenständigen Untersuchungen und Probennahmen ist dringend abzuraten.

Abb. 297: Rissige, eingetrocknete Rinde durch die Platanenwelke
(Foto: BBA/Forst)

Bei einem Befall über die Wurzeln oder den Stammfuß zeigen sich in den unteren Stammbereichen kleine rundliche bis elliptische Einsenkungen in der Rinde, die sich violett-braun verfärben. Im weiteren Verlauf der Erkrankung sterben in den betroffenen Bereichen das Kambium und die Rinde ab. Die Rinde erhält eine hellbraune Farbe und trocknet ein, wobei sie eine rissige Struktur erhält (Abb. 297). Später bilden sich dort mehr oder weniger ausgedehnte Rindennekrosen (Abb. 298). Im dahinter liegenden Holz kommt es zu einer streifenartigen bräunlichen Verfärbung, die sich radial in Richtung Stammmitte ausdehnt.

Bei einer Übertragung des Erregers über die Krone, z. B. durch Schnittarbeiten, kann auch eine plötzliche, meist auf einzelne Ast-

Abb. 298: Angeschnittene, durch Platanenwelke befallene Rinde – es sind dunkle Rindennekrosen erkennbar (Foto: BBA/Forst)

Abb. 299: Absterbende Krone durch Platanenwelke (Foto: BBA/Forst)

oder Kronenpartien beschränkte Welke entstehen. Diese kann sich auch zusätzlich zu den oben genannten Rindenschäden zeigen.

Der Pilz benötigt für die Besiedlung des Baumes normalerweise Wunden, z. B. Astungswunden oder Wurzelverletzungen. Darüber hinaus kann er auch über Wurzelverwachsungen von einer befallenen Platane auf einen benachbarten, gesunden Baum übergehen. Ein vom Platanenkrebs befallener Baum stirbt erfahrungsgemäß innerhalb weniger Jahren ab (Abb. 299). Von der Erkrankung ist vor allem die Vitalität betroffen. Eine Beeinträchtigung der Bruchsicherheit liegt erst dann vor, wenn stärkeres Totholz entstanden ist. Platanen, die nachweislich befallen sind, müssen nach Abstimmung mit der amtlichen Pflanzenschutzstelle umgehend entfernt und verbrannt werden.

Blattschäden durch Platanenminiermotte

(*Lithocolletis platani*)

Das Insekt verursacht auf der Oberseite der Blätter im Laufe des Sommers anfangs helle, später verbräunende Flecken (Abb. 300). Blattunterseits befinden sich in diesen Bereichen weißliche bis bräunliche bis etwa 3 cm lange Platzminen (d. h. Hohlräume) im Blattgewebe. Sie entstehen durch Larven, die Teile des Blattgewebes fressen, ohne die Epidermis zu schädigen. Durch das Verbräunen der Blätter entsteht ein der → Blattbräune (S. 227) ähnliches

Abb. 300: Blattschäden durch die Platanenminiermotte

Abb. 301:
Geöffnete Blattmine mit Larve (Pfeil)

Schadbild, doch befinden sich die Schäden nicht an den Blattadern, sondern stets dazwischen. In den Minen sind grünlich gefärbte Räupchen (eine pro Mine) sowie zahlreiche braune Kotkrümel vorhanden (Abb. 301). Das Insekt überwintert als Puppe im Laub, aus dem dann im Frühjahr der etwa 3,5 mm lange Kleinschmetterling schlüpft. Der Befallsdruck kann daher durch das Entfernen des Falllaubes verringert werden. Doch selbst bei einem starken Befall wird die Vitalität des Baumes nicht nachhaltig beeinträchtigt.

Blattvergilbung durch Platanennetzwanze

(*Corythucha ciliata*)

Die Platanennetzwanze ist ein wärmeliebendes Tier, das z. B. in Deutschland bisher nur in südlichen Landesteilen vorkommt. Auf der Blattoberseite zeigen sich im Laufe des Sommers helle, kleine Flecken, und zwar zunächst entlang der Blattadern, später auf der gesamten Blattspreite (Abb. 302). Bei einem starken Befall wird das Blatt bronzefarben und fällt vorzeitig ab. Ende des Sommers können die Bäume weitgehend entlaubt sein. Die Schäden werden verursacht durch die auf der Blattunterseite saugenden dunklen Larven und die weißlichen, etwa 3,5 mm langen erwachsenen Wanzen mit netzartig strukturierten Flügeln (Abb. 303). Auch zahlreiche schwarze, klebrige Kottröpfchen sind blattunterseits zu finden. Die Tiere überwintern als adulte Wanzen unter Borkenschuppen oder an anderen geschützten Plätzen (Abb. 304).

Abb. 302: Helle Blattflecken durch Saugtätigkeit der Platanennetzwanze

Anders als z. B. bei der → Blattbräune (S. 227) wird auch der zweite Austrieb befallen, so dass eine Regeneration der Krone im Laufe des Sommers nur bedingt möglich ist. Daher können nach starken mehrmaligen Befällen ein verringerter Zuwachs und eine gewisse Prädisposition gegenüber anderen Schädlingen entstehen.

Abb. 303: Blattunterseite mit Kottröpfchen, dunklen Larven und einer hellen Wanze

Abb. 304: Die Platanennetzwanze überwintert häufig unter Borkenschuppen am Stamm

Schadsymptome und Auffälligkeiten an Ästen und am Stamm

Risse in Ästen und Stämmlingen

An Platanen treten an Starkästen der unteren Krone sowie im unteren Bereich von Stämmlingen häufig Längsrisse auf. Im Gegensatz zu sog. Unglückbalken (→ Esche, S. 122) sind die betreffenden Äste oder Stämmlinge nicht gebogen, sondern wachsen ohne einen Richtungswechsel gleichmäßig waagerecht, schräg oder auch senkrecht nach oben (Abb. 305 und 306). Auffallend ist, dass einzelne Platanen offenbar stärker

Abb. 305: Riss mit Ausfluss in einem Stämmling

Abb. 306: Waagerechter, ausladender Starkast mit langem Riss

Abb. 307: Querschnitt durch einen Stämmling mit Rissen

zu diesen Rissen neigen als andere. Durch die Risse wird der Holzkörper in Längsrichtung aufgespalten (Abb. 307). Die Bruchsicherheit kann dadurch beeinträchtigt sein, auch wenn der Riss nur kurz ist oder bereits eine Überwallung zeigt. Durch eine Baumuntersuchung kann die Ausdehnung der Risse im Holz ermittelt werden.

Kronenverankerungen

Insbesondere in großkronigen Platanen mit weit ausladenden Ästen sind oftmals alte Kronensicherungen vorhanden, die vor allem in den 70er und 80er Jahren als sog. Kronenanker eingebaut worden sind. Hierzu wurden die zu sichernden Baumteile durchbohrt und anschließend Gewindestangen eingebaut, die wiederum durch Stahlseile miteinander verbunden wurden (Abb. 308). Aufgrund der Problematik, dass für diese Verankerungen der Holzkörper durchbohrt werden muss, werden seit den 90er Jahren zur Kronensicherung vermehrt Hohltau- bzw. Gurtsicherungssysteme verwendet. Hierbei werden die zu sichernden Baumteile mit Hohltauen bzw. Gurten umschlungen und miteinander verbunden, ohne dass ein Durchbohren des Holzkörpers erforderlich ist.

Aus Gründen der Verkehrssicherheit müssen Kronensicherungen dann eingebaut werden, wenn bei dem betreffenden Ast bzw. Kronenteil eine Bruchgefahr besteht.

Abb. 308:
Alte Kronenverankerung in einer großen Platane

Diese entsteht z. B. häufig durch → Vergabelungen/Zwiesel (S. 239) mit eingewachsener Rinde und Rissbildung. Bei Platanen wurden oftmals Kronenverankerungen eingebaut, obwohl offenbar keine Defekte vorgelegen haben. Ein wesentlicher Grund hierfür war vielmehr der Habitus dieser Baumart mit den weit ausladenden Hauptkronenästen, bei denen ein Herausbrechen befürchtet wurde.

Kronenverankerungen müssen im Hinblick auf mögliche Schäden am System (z. B. Korrosion der Metallteile) und der möglichen Entwicklung einer Fäule im Holzkörper regelmäßig kontrolliert werden. Hierbei ist auch auf die korrekte Spannung der Sicherungen und die richtige Einbauhöhe (2/3 über dem Scheitelpunkt) zu achten. Gerade bei alten Kronenverankerungen ist durch das zwischenzeitlich erfolgte Längenwachstum des Baumes das System häufig zu stramm gespannt oder zu niedrig im Baum. Wenn sich Anzeichen für einen Schaden zeigen, muss eine Untersuchung, z. B. von einer Hubarbeitsbühne aus, erfolgen.

Wird bei der Baumkontrolle oder der nachfolgenden Baumuntersuchung eine mangelnde Bruchsicherheit festgestellt, sind baumpflegerische Maßnahmen zu veranlassen. Bei Platanen ohne Anzeichen für eine Gefährdung der Bruchsicherheit, die aber trotzdem in der Vergangenheit eine Kronensicherung erhalten haben, sollten zunächst Informationen über die

Gründe und den Zeitpunkt des Einbaus eingeholt werden. Unabhängig davon, ob der Einbau der Sicherung dem Baumkontrolleur sinnvoll erscheint oder nicht, muss eine Kontrolle hinsichtlich der Funktionsfähigkeit der Sicherung erfolgen. Bei alten Kronenverankerungen, die sich seit vielen Jahren unter Spannung in der Krone befinden, hat sich der Baum mit seinem Wachstum und der Lastverteilung an die Sicherung gewöhnt, so dass eine defekte Sicherung selbst bei nicht erkennbaren Schadsymptomen kritisch sein kann. Daraufhin muss einzelfallweise beurteilt werden, ob die Kronensicherung im Baum belassen werden kann, ob eine Erneuerung oder Ergänzung erforderlich ist oder ob auf die Sicherung verzichtet werden kann. Erweisen sich alte Kronenverankerungen als nicht mehr funktionstüchtig, sollten diese gegen verletzungsfrei einbaubare Kronensicherungen ausgetauscht werden. Die Gewindestangen werden hierbei im Baum belassen, um den Holzkörper durch den Ausbau nicht weiter zu schädigen. In diesen Fällen ist meist der Einbau einer zusätzlichen Kronensicherung oberhalb der alten Sicherung sinnvoll.

Totholzbildung durch *Massaria*-Krankheit

(*Splanchnonema platani*)

Durch diesen pilzlichen Erreger können, anders als bei der „normalen" Totholzbildung, bei mittelalten Platanen auch Starkäste innerhalb weniger Monate absterben. Verursacht wird die Erkrankung durch einen holzzer-

Abb. 309: Fast vollständig abgestorbener Starkast durch *Massaria*-Krankheit

störenden Pilz, der in Deutschland erstmals 2003 nachgewiesen wurde. Betroffen sind vor allem Feinstäste in der Oberkrone sowie auch Grob- und Starkäste in der unteren und mittleren Krone. Die Besiedelung erfolgt dabei nicht über Wunden, sondern über die Rinde. Es kann der gesamte Ast oder nur die Astoberseite befallen sein (Abb. 309). Zunächst färbt sich die Rinde hellrot bis rosa, einige Wochen bis Monate später dann rußig-schwarz. Bei der Schwarzfärbung handelt es sich um die Sporenlager der Pilzes (Abb. 310).

Der Pilz verursacht eine Weißfäule im Holz, die offenbar sehr rasch verläuft (Abb. 311). Von der *Massaria*-Krankheit befallene Grob- und Starkäste sind daher bereits wenige Monate nach Befall nicht mehr bruchsicher und müssen

Abb. 310: Typische rötliche Verfärbung auf der abgestorbenen Astoberseite; zudem sind schwarze Sporenlager erkennbar (Pfeil)

Abb. 311: Querschnitt durch einen befallenen Starkast

deshalb beseitigt werden. Platanen mit *Massaria*-Krankheit sollten aufgrund des raschen Holzabbaus in relativ kurzen Intervallen (z. B. halbjährlich) kontrolliert werden.

Abb. 312: Die linke Vergabelung hat eingewachsene Rinde

Vergabelungen mit eingewachsener Rinde/Zwiesel

An Platanen, die in den 60er bis 80er Jahren gepflanzt worden sind, sind Vergabelungen und Zwiesel mit eingewachsener Rinde besonders häufig (Abb. 312). Dies kann zum Einreißen und nachfolgenden Auseinanderbrechen der Vergabelungen führen (Abb. 313 und 314; → Buche, S. 66). Aus diesem Grund muss den vergleichsweise jungen Platanen bei der Baumkontrolle eine erhöhte Aufmerksam-

Abb. 313: Die Vergabelung ist bereits weit in den Stamm hinein eingerissen – hier besteht akute Bruchgefahr

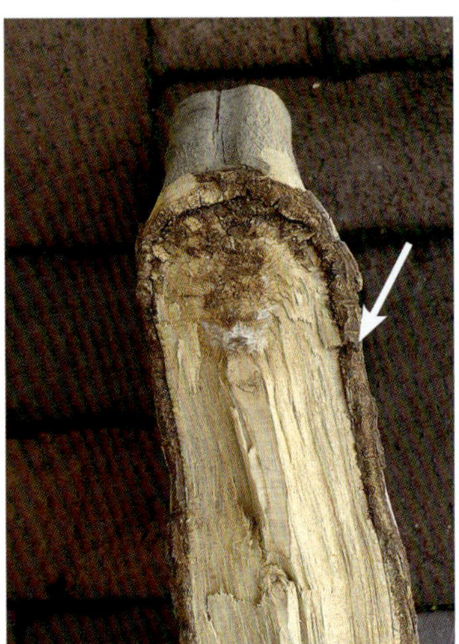

Abb. 314: Ausgebrochener Starkast aufgrund von eingewachsener Rinde und Rissbildung – am Rand ist eine Überwallung erkennbar (Pfeil), d. h., die Rissbildung muss schon längere Zeit vor dem Ausriss erfolgt sein

keit gewidmet werden. An älteren Exemplaren tritt diese Problematik i. d. R. nicht auf.

Dunkle Rindennekrosen

Seit einigen Jahren werden an Platanen vermehrt bräunliche Rindennekrosen an Starkästen und am Stamm beobachtet; oftmals zeigt sich an diesen Stellen auch ein dunkler Ausfluss. Die Nekrosen sind wenige Zentimeter breit und bis ca. 15 cm lang und werden meist von den Seiten überwallt (Abb. 315 und 316). Der Holzkörper ist i. d. R. intakt. Die Ursache der Nekrosen ist bisher unklar. Bei Anzeichen für umfangreichere Schäden im Holzkörper sollte der Zustand der Stämmlinge bzw. des Stammes untersucht werden.

Abb. 315: Dunkle Rindennekrosen

Abb. 316: Die dunklen Rindennekrosen werden nach einigen Jahren überwallt

Zottiger Schillerporling

(*Inonotus hispidus*)

Der Pilz gilt als wärmeliebend und fruktifiziert z. B. im Süden Deutschlands deutlich häufiger als im Norden. Die Fruchtkörper erscheinen normalerweise am oberen Stamm oder an stärkeren Kronenästen, und zwar meist im Bereich von Wunden oder Höhlungen. Es handelt sich um einjährige, wulstige Konsolen, die in der Zeit von Juli bis September gebildet werden; die Fruchtkörper erscheinen jedoch nicht in jedem Jahr. Die mehr oder weniger halbkreisförmigen Fruchtkörper werden bis ca. 30 cm breit und etwa 10 cm dick (Abb. 317). Ihre leicht wellige Oberseite ist anfangs mit einem gelb-rostroten, zottigen Filz bedeckt, der in der weiteren Entwicklung verschwindet. Der Hut erhält dann eine mehr dun-

Abb. 317: Frischer Fruchtkörper des Zottigen Schillerporlings an einer Astungswunde

kelbraune Farbe und es verbleiben nur am Rand noch hellere Bereiche. Auf der ockerfarbenen Unterseite befinden sich rundlich-eckige Poren. Abgestorbene Fruchtkörper sind schwärzlich und besitzen eine spröde, strohige Konsistenz. Sie sitzen meist noch bis zum nächsten Jahr am Baum (Abb. 318). Nach dem Abfallen der Fruchtkörper verbleiben meist waagerecht verlaufende schwärzliche Spuren auf der Rinde.

Der Zottige Schillerporling dringt über Astungswunden und Astabbrüche in den Holzkörper ein und verursacht dort eine Weißfäule bzw. Moderfäule. Die Fäule kann sich sowohl im Stamm als auch in den Hauptkronenästen ausbreiten, so dass im Extremfall der gesamte Baum hohl sein kann. Zusätzlich zum Holzabbau ist der Pilz auch in der Lage, das Kambium zu befallen, wodurch bis zu mehrere Meter lange Rindennekrosen entstehen

Abb. 318: Die älteren Fruchtkörper des Zottigern Schillerporlings verfärben sich schwarz

Abb. 319: Nekrotische Stammwunde mit Resten von Pilzfruchtkörpern (Pfeile)

können (Abb. 319). Durch die Schäden am Kambium stirbt auch das dahinter liegende Holz ab – soweit es nicht bereits durch die o. g. Fäule geschädigt wurde. Oftmals befinden sich diese Nekrosen unterhalb von Wunden, doch können sie auch in anderen Bereichen auftreten, z. B. auf Astoberseiten. Durch die Fäule kann die Bruchsicherheit beeinträchtigt sein, auch wenn ein Befall an Platane als weniger schwerwiegend gilt als z. B. an Esche. Dennoch besteht bei Anzeichen für einen Befall Handlungsbedarf, z. B. Veranlassung einer Baumuntersuchung.

Auffälliges Rindenbild

In einzelnen Jahren kann es zu einem auffallenden Abblättern der Borke kommen, wodurch große Stamm- und Astpartien gelblich erscheinen (Abb. 320). Verursacht wird dies durch starken Holzzuwachs, infolge dessen die äußere Borkenschicht aufreißt und in der für Platanen typischen Art abblättert. Dies ist vor allen Dingen dann der Fall, wenn die Platane im Frühjahr nicht von der → Blattbräune (S. 227) oder von anderen Blattkrankheiten geschädigt wird. Eine Verwechslung mit dem → Platanenkrebs (S. 229) ist kaum möglich, da dort die Borke deutlich kleinräumiger aufreißt und sich bräunlich-violett verfärbt.

In der unteren Krone entsteht auf der Unterseite stärker ausladender Äste häufig ein auffallend anderes Rindenbild. Hier reißt die Borke in viele kleine Längs- und Querrisse auf und bröckelt kleinräumig, häufig quadratisch, ab (Abb. 321).

Abb. 320: Das Abblättern der Borke stellt bei Platane kein Schadsymptom dar, sondern ist ein Zeichen für einen starken Holzzuwachs

Abb. 321: Auffällige Rindenstruktur auf der Unterseite eines Starkastes

Die Ursache ist ein verändertes Dickenwachstum an solchen Ästen als Reaktion auf die starken Gewichtskräfte, die hier auf den Ast einwirken. Ähnlich wie die Querwülste auf der Unterseite von Starkästen ist dies typisch für Platane und weist normalerweise nicht auf eine Beeinträchtigung der Verkehrssicherheit hin (→ Beulen und Wülste, siehe unten).

Beulen und Wülste

Platanen neigen zu einer unterschiedlich starken Wulst- und Beulenbildung am Stamm, die verschiedene Ursachen haben kann (Abb. 322). So kann es sich lediglich um einen partiell verstärkten Holzzuwachs oder auch um vollständig überwallte Astungswunden handeln.

Platanen zeigen häufiger auch Querwülste im Übergangsbereich vom Stamm zu den unteren Starkästen sowie am Stammfuß (Abb. 323). Dies wird zuweilen

Abb. 322: Typische Beulen und Wülste am Stamm einer Platane

Abb. 323: Querwülste auf der Unterseite eines Starkastes – ein arttypisches Phänomen der Platane

als Indiz für ein Absenken des betreffenden Astes bzw. eine vorhandene Fäule gedeutet. Die Wülste gehören jedoch zum arttypischen Wuchs der Platane.

Beulen und Wülste allein stellen erfahrungsgemäß keine Anzeichen für eine umfangreiche Fäule im Holzkörper dar. Ob in diesen Bereichen z. B. eine Fäule vorliegt, kann durch eine Baumuntersuchung – und zwar oftmals bereits durch eine Klangprobe – geklärt werden.

Schadsymptome und Auffälligkeiten am Stammfuß und an Wurzeln

Stockfäule ohne vorhandene Pilzfruchtkörper

An älteren Platanen sind häufiger Fäulen im Stammfuß vorhanden, ohne dass die Fruchtkörper des verursachenden Pilzes auftreten (Abb. 324; → Esche, S. 134). An Platanen kommen z. B. der Lackporling (→ Rosskastanie, S. 287) oder der Brandkrustenpilz (→ Linde, S. 181) in Frage.

Abb. 324: Höhlungsöffnung und Fäule im Stammfuß

Adventivwurzeln

Platanen bilden häufig knapp oberhalb oder auf Höhe des Erdbodens dünne und meist relativ kurze Adventivwurzeln aus (Abb. 325; → Buche, S. 85). An Platanen können sich diese Wurzeln auch ohne Wurzelverluste bilden, und zwar meist auf Standorten mit „gutem" Boden. Offenbar wird hier die Wurzelneubildung durch den Humus stimuliert. Eine Baumuntersuchung kann Aufschluss über die Ursache der Adventivwurzelbildung geben.

Reste von Pilzfruchtkörpern auf dem Boden

An älteren Platanen können auf dem Boden unterhalb der Krone schwärzliche Reste von Pilzfruchtkörpern liegen, die eine spröde, strohige Konsistenz besitzen (Abb. 326). Hierbei handelt es sich um abgestorbene, aus höheren Stammbereichen heruntergefallenen Fruchtkörper des → Zottigen Schillerporlings (S. 241).

Abb. 325: Adventivwurzeln am Stammfuß; sie treten bei Platanen häufig auf humusreichen Standorten auf

Abb. 326: Alte, herabgefallene Fruchtkörper vom Zottigen Schillerporling liegen oftmals unter der Krone auf dem Boden

12. Robinie (*Robinia*)

Schadsymptome und Auffälligkeiten

Verbreitung und Verwendung

Die Gattung *Robinia* umfasst etwa 20 sommergrüne Baum- und Straucharten, die alle in Nord-Amerika beheimatet sind. In unseren Breiten wird in erster Linie die Gemeine Robinie (*R. pseudoacacia*) verwendet, die auch als Scheinakazie oder Falsche Akazie bezeichnet wird. Die Art wurde im 17. Jahrhundert nach Europa eingeführt und ist hier inzwischen stellenweise verwildert. In Deutschland finden die Robinie und ihre Sorten vielseitige Verwendung als Straßen-, Park- und Zierbäume, da sie als stadtklimafest sowie gegenüber Schädlingen und Krankheiten als unempfindlich gelten.

Robinien haben einen hohen Lichtbedarf und bevorzugen lockere, gut durchlüftete Böden. Auf geeigneten Standorten ist die Robinie ein ausgesprochener Tiefwurzler. Sie bildet aber auch flachstreichende Wurzeln (S. 262) und neigt zu Wurzelschösslingen sowie Stockaustrieben. Dies schafft zwar auf innerstädtischen Standorten häufig Probleme, kann aber auch zur Böschungsbefestigung und Haldenbegrünung gezielt eingesetzt werden. Durch die Bildung von Wurzelknöllchen und die darin befindlichen luftstickstoffbindenden Bakterien wird der Boden mit Stickstoff angereichert.

Baumbiologie

Robinien können bis etwa 200 Jahre alt werden, zeigen aber meist schon deutlich früher Absterbeerscheinungen, insbesondere auf ungünstigen, verdichteten Standorten. Der Holzkörper gliedert sich in einen aus nur wenigen Jahrringen bestehenden, grünlichgelben Splint, auf den nach innen ein echtes Kernholz folgt. Das Kernholz ist im frischen Zustand grünlichbraun gefärbt und dunkelt goldbraun nach (Abb. 327). Das Kernholz durchzieht den gesamten Stamm und reicht auch in stärkere Äste und Wurzeln. Das Kernholz der Robinie ist besonders dauerhaft, einige holzzerstörende Pilzarten können es jedoch trotzdem abbauen.

Hinsichtlich der Wundreaktionen im Splintholz zählen Robinien zu den schwächer abschottenden Baumarten, bei denen es unterhalb von Astungswunden oftmals auch zur Ausbildung von langen Totstreifen kommt (→ Ablösende Borke/Totstreifen, S. 254).

Abb. 327: Stammquerschnitt von Robinie: Kernholz (1), Splint (2), Bast (3) und Borke (4)

Robinien gehören zu den ringporigen Baumarten, d. h., die im Frühjahr gebildeten Gefäße sind wesentlich größer als die später im Jahr gebildeten. Die Frühholzgefäße sowie die Jahrringgrenzen sind mit bloßem Auge erkennbar. Da bei Robinie der Wassertransport fast ausschließlich im jüngsten Jahrring erfolgt, kann trotz einer umfangreichen Fäule im Kernholz die Krone noch ausreichend mit Wasser und Nährelementen versorgt werden. So zeigt sich selbst bei umfangreichen Fäulen häufig keine Vitalitätsabnahme in der Krone.

Schadsymptome und Auffälligkeiten an Blättern und Trieben

Blattschäden durch Robinienminiermotte

(*Phyllonorycter robiniella*)

Die Robinienminiermotte ist in Nordamerika beheimatet und wurde vor einigen Jahren nach Europa eingeschleppt. In Deutschland ist sie bisher nur im Süden verbreitet. Im Laufe des Sommers können auf der Blattunterseite, selten oberseits, anfangs weißliche, im

Laufe der Zeit verbräunende Bereiche auftreten. Es handelt sich bei diesen „Flecken“ um Platzminen, d. h. um Hohlräume im Blattgewebe, die durch ein minierendes Insekt entstanden sind (Abb. 328 und 329). In der Mine befinden sich ein oder mehrere gelblichgrüne, bis ca. 4,5 mm lange Schmetterlingsräupchen mit bräunlichem Kopf und einem durchscheinenden grünen Darm. Darüber hinaus können auch braune Kotkrümel sowie ein weißliches Gespinst vorhanden sein, mit dem die Raupe einen Teil der Blattoberseite zu-

Abb. 328:
Blattschäden durch die Larven der Robinienminiermotte

Abb. 329:
Geöffnete Blattmine mit einer Raupe der Robinienminiermotte

sammenzieht, so dass hier eine Art Tasche entsteht. Hierin verpuppt sich die Raupe später in einem weißen, wattigen, ovalen Kokon. Die Motte ist orangebraun, weiß und schwarz gezeichnet, hat eine Spannweite von 5–6 mm und sieht der Rosskastanienminiermotte (S. 267) sehr ähnlich. Sie kann in Deutschland offenbar zwei Generationen pro Jahr ausbilden. Der Befallshöhepunkt liegt zwischen Ende August/Anfang September. Die im September/Oktober geschlüpften Motten überwintern an geschützten Stellen. Bei starkem Befall kann fast jedes Blatt betroffen sein und das gesamte Blattwerk weißlich erscheinen. Die Vitalität des Baumes wird i. d. R. jedoch nicht nachhaltig beeinträchtigt.

Schadsymptome und Auffälligkeiten an Ästen und am Stamm

Totholz

Robinien haben einen hohen Lichtbedarf; sie zählen zu den sog. Lichtbaumarten und bilden daher bei Lichtmangel zahlreiche Totäste aus. Es kann sich sowohl um abgestorbene Schattenäste in unteren bzw. inneren Kronenbereichen handeln, als auch um Äste in äußeren Kronenbereichen (Abb. 330), z. B. infolge von ungünstigen Standortbedingungen (Beschattung durch Gebäude oder Nachbarbäume, Staunässe oder Bodenverdichtung). Robinien besitzen in den stärkeren Ästen Kernholz, das

Abb. 330: Totäste in der Oberkrone einer älteren Robinie

nur langsam abgebaut wird. Deshalb fällt das Totholz meist stückchenweise herab. Trotzdem kann die Bruchsicherheit beeinträchtigt sein. Unabhängig von der Art ihrer Entstehung müssen Totäste ab einem Durchmesser von etwa 5 cm an der Astbasis entfernt werden.

Misteln

In der Krone von Robinien treten häufiger Misteln auf, in Deutschland vor allem im Süden und Osten (Abb. 331; → Pappel, S. 212).

Abb. 331: Mistelbefall an Robinie

Vergabelungen mit eingewachsener Rinde/Zwiesel

V-förmige Vergabelungen und Zwiesel mit eingewachsener Rinde sind bei Robinien häufig anzutreffen (Abb. 332; → Buche, S. 66). Aufgrund der groben Borkenstruktur ist es an Robinie aber besonders schwierig zu erkennen, ob eine Vergabelung überhaupt eingewachsene Rinde aufweist, und

Abb. 332: Vergabelungen mit eingewachsener Rinde sind bei Robinie aufgrund der groben Borkenstruktur schwer erkennbar

Abb. 333: Eingerissener Zwiesel – hier besteht dringender Handlungsbedarf

wenn ja, ob sie bereits eingerissen ist (Abb. 333). Aus diesem Grund ist an Robinie häufiger eine Untersuchung der Vergabelung erforderlich.

Schwefelporling

(*Laetiporus sulphureus*)

An Robinie tritt die Fäule des Schwefelporlings hauptsächlich im Stamm bis in Höhe des Kronenansatzes auf. Gelegentlich zieht sie sich bis in die Stämmlinge/stärkeren Hauptkronenäste oder auch bis in den Stammfuß hinein (Abb. 334 und 335). Der Pilz verursacht eine Braunfäule im Kernholz, während der Splint nicht bzw. erst in einem sehr späten Stadium des

Abb. 334: Die Braunfäule durch den Schwefelporling kann bis zum Stammfuß reichen

Abb. 335: Fruchtkörper des Schwefelporlings am Stamm einer Robinie

Befalls angegriffen wird (→ Eiche, S. 103). Im Gegensatz zur Eiche ist das Splintholz der Robinie deutlich schmaler und besteht aus nur wenigen Jahrringen. Deshalb kann bei einer umfangreichen Kernfäule die Restwandstärke intakten Holzes sehr gering sein. An Robinie ist zudem besonders kritisch, dass das Splintholz häufig nicht durchgehend intakt ist, da diese Baumart zu Totstreifen neigt, in deren Bereich Rinde, Kambium und Splint abgestorben sind (→ Ablösende Borke/Totstreifen, im folgenden Text).

Ablösende Borke/Totstreifen

Robinien besitzen eine sehr dicke Borke mit einer netzartigen Längsstruktur. Sie löst sich oftmals streifenweise ab bzw. kann bei der Untersuchung des Stammes leicht abgelöst werden. In diesen Bereichen ist zu prüfen, ob es sich hierbei um einen natürlichen Ablöseprozess infolge eines starken Dickenwachstum handelt oder ob die Ursache abgestorbene Stammbereiche sind. Ausgangspunkt derartiger Totstreifen sind meist Verletzungen, z. B. Astungswunden. Unterhalb dieser Wunden stirbt das Kambium ab und es bilden

Abb. 336: Totstreifen unterhalb einer Astungswunde

Abb. 337: Stammquerschnitt durch einen Totstreifen – dieser bleibt häufig längere Zeit durch die darüberliegende dicke Borke verdeckt

sich selbst bei relativ kleinen Verletzungen lange, abgestorbene Rindenbereiche (Abb. 336 und 337). Reichen die geschädigten Bereiche bis zum Stammfuß (Abb. 338), besteht die Gefahr, dass wurzelbürtige Fäuleerreger in den Stammfuß eindringen, z. B. der → Hallimasch (S. 259).

Aufgrund der dicken Borke älterer Robinien ist eine Klangprobe, z. B. mit einem Gummihammer, nur bedingt aussagekräftig. Ein Hohlklang kann sowohl von einer infolge des Dickenwachstums abgelösten Borkenplatte herrühren, die bei der Klangprobe abplatzen kann, als auch von einem (noch verdeckten) Totstreifen oder einer Kernfäule.

Abb. 338: Reicht der Totstreifen bis zum Boden, können wurzelbürtige Pilze (z. B. Hallimasch) in den Stammfuß eindringen

Abb. 339: Wurzelneubildung hinter Borkenplatten

Hinter abgelösten Borkenplatten sowie an den Seiten von Totstreifen entwickeln sich an Robinien zuweilen Sekundärwurzeln (Abb. 339), die aus dem Bast herauswachsen und sich bis in den Boden hinein entwickeln können. Diese sekundär gebildeten Wurzeln unterstützen den Baum zwar bei seiner Wasser- und Nährstoffaufnahme, zur Verbesserung der Statik tragen sie jedoch nicht bei.

Einbuchtungen und Einwallungen

Robinien haben häufig buchtenartig geformte Stämme, und zwar auch an jüngeren Exemplaren (Abb. 340 und 341). Je nach Ausprägung kann es sich um breitere Einbuchtungen handeln oder auch um Einwallungen mit eingewachsener Rinde (→ Buche, S. 75).

Abb. 340: Robinienstamm mit typischen Einbuchtungen und Einwallungen

Abb. 341: Stammquerschnitt einer Robinie mit Einwallung

Schadsymptome und Auffälligkeiten am Stammfuß und an Wurzeln

Eschenbaumschwamm
(*Perenniporia fraxinea*)

Die Fruchtkörper werden meist erst im Spätstadium eines Befalls gebildet. Es handelt sich um mehrjährige und damit ganzjährig erkennbare Konsolen, die ab Spätsommer am Stammfuß knapp oberhalb des Bodens erscheinen (Abb. 342 und 343). Sie werden meist bis 20 cm breit und ca. 10 cm dick. Sind mehrere Exemplare zusammengewachsen, können die Fruchtkörpergebilde bis zu 50 cm breit werden. Die wellig-höckerige Oberseite ist bräunlich bis schwärzlich gefärbt und besitzt eine feinfilzige Struktur. Der Rand der Fruchtkörper ist unregelmäßig wellig gekerbt und im frischen Zustand creme- bis orangefarben. Auf der cremefarbenen Unterseite befinden sich feine, rundlich-eckige Poren; sie färben sich im frischen Zustand auf Druck braun-violett. Die Sporen sind, anders als bei den ähnlich aussehenden Lackporlingen, farblos (→ Rosskastanie, S. 287). Die Trama besitzt eine korkartige Konsistenz und Farbe.

Der Pilz verursacht eine Weißfäule in den stärkeren Wurzeln sowie im Wurzelstock und im Stammfuß. Die Fäule reicht im Kernholz bis in eine Höhe von etwa 50 cm, im Splintholz bis etwa auf Höhe des

Abb. 342: Älterer Fruchtkörper des Eschenbaumschwamms am Stammfuß einer Robinie

Abb. 343: Eschenbaumschwamm mit frischer, cremefarbener Porenschicht auf der Unterseite

Bodenniveaus. Bevorzugt befallen werden Robinien auf ungünstigen, stark verdichteten Standorten mit geringen Durchwurzelungsmöglichkeiten, die zudem einer Harnstoffbelastung durch Hundeurin ausgesetzt sind. Da der Pilz auf hohe Stickstoffgehalte angewiesen ist, kann der Urin zusammen mit der Fähigkeit der Robinie, an den Wurzeln aktiv Stickstoff zu binden, für eine besondere Empfindlichkeit und/ oder für eine rasche Ausbreitung der Fäule im Stammfuß ursächlich sein.

Häufig sind bereits junge Robinien betroffen (ab ca. 20 Standjahren), bei denen allgemein noch nicht mit einer umfangreichen Fäule gerechnet wird. Durch den Holzabbau kann die Verkehrssicherheit beeinträchtigt werden, weshalb hier Handlungsbedarf besteht (z. B. Baumuntersuchung im Stammfuß).

Hallimasch

(*Armillaria* spp.)

Der Hallimasch verursacht eine Weißfäule in den Wurzeln sowie im Stammfuß (→ Mehlbeere, S. 196). Die schwarzen Rhizomorphen, die sich meist unter der Rinde befinden, sind ganzjährig erkennbar (Abb. 344; → Ablösende Borke/Totstreifen, S. 254).

Abb. 344: Schwarze Rhizomorphen vom Hallimasch unter abgelöster Borke

Abb. 345: Fruchtkörper des Sparrigen Schüpplings am Stammfuß einer Robinie

Sparriger Schüppling

(*Pholiota squarrosa*)

Die Fruchtkörper wachsen in kleinen Gruppen am Stammfuß. Der Pilz verursacht eine Weißfäule, die meist sehr kleinräumig ist (Abb. 345; → Mehlbeere, S. 198).

Abb. 346:
Fäule im Stammfuß mit Höhlungsöffnung, aber ohne Pilzfruchtkörper

Stockfäule ohne vorhandene Pilzfruchtkörper

Robinien neigen bereits in jungen Jahren zu Fäulen im Stammfuß und Wurzelstock, häufig ohne Bildung von Pilzfruchtkörpern (Abb. 346 und 347; → Esche, S. 134). Häufige Fäuleerreger in diesem Bereich sind → Eschenbaumschwamm (S. 257) → Hallimasch (S. 259) sowie → Schwefelporling (S. 253), der sowohl im Stammfuß als auch im Stamm eine Fäule verursachen kann. Bei einem Verdacht auf eine Fäule ist zu berücksichtigen, dass bei dieser Baumart eine Klangprobe nur bedingt anwendbar ist (→ Ablösende Borke/Totstreifen, S. 254).

Abb. 347: Querschnitt einer Robinie: Fäule im Kernholz des Stammfußes (Foto: R. Kehr)

Flachstreichende Wurzeln und Wurzelbrut

Die Robinie zeichnet sich durch ein weitstreichendes Wurzelsystem aus, durch das im städtischen Bereich immer wieder Probleme entstehen. So können die Wurzeln an Wegebelägen und Einfassungen Schäden anrichten. Dies gilt besonders für Standorte mit stark verdichtetem Untergrund, der von den Wurzeln nicht durchdrungen werden kann. Zudem können aus oberflächennah verlaufenden Wurzeln neue Sprosse gebildet werden, die sog. Wurzelbrut (Abb. 348). Dies kann langfristig zu einer Verbuschung von Freiflächen führen.

Abb. 348: Wurzelbrut direkt am Stammfuß einer Robinie

13. Rosskastanie (*Aesculus*)

Seite

Schadsymptome und Auffälligkeiten

an Blättern und Trieben:

an Ästen und am Stamm:

am Stammfuß und an Wurzeln:

Verbreitung und Verwendung

Die Gattung *Aesculus* ist in Europa lediglich mit einer sommergrünen Art vertreten, und zwar der Gemeinen Rosskastanie (*A. hippocastanum*). Das ursprüngliche Verbreitungsgebiet dieser Art liegt auf der nördlichen Balkanhalbinsel, von wo Ende des 16. Jahrhunderts die Verbreitung über ganz Europa erfolgte. In Mitteleuropa gilt sie inzwischen als eingebürgert. Darüber hinaus wird häufig noch die Rotblühende Rosskastanie (*A.* × *carnea)* gepflanzt sowie die wenig fruchtende Gefülltblühende Rosskastanie (*A. hippocastanum* 'Baumannii').

Rosskastanien finden vielfältige Verwendung in Parkanlagen und großen Gärten sowie als Straßenbäume. Es werden vor allem der Habitus und die besonders großen, dekorativen Blütenstände geschätzt. Infolge des großen, dunklen Laubes besitzen die Bäume eine erhebliche Schattenwirkung, weshalb sie ein wichtiges Gestaltungselement auf Friedhöfen und an Gedenkstätten sind. Geschnittene Formen finden sich vor allem an Promenaden und an Gaststätten. Hinsichtlich der Standortbedingungen stellen Rosskastanien keine besonderen Ansprüche. Sie bevorzugen jedoch nährstoffreiche, nicht zu trockene Böden und sind kalkverträglich.

Baumbiologie

Rosskastanien können etwa 200 Jahre alt werden. Sie besitzen ein gelblich-weißes Holz, in älteren Stämmen mit einer unregelmäßig rötlich-braunen Verfärbung im Innern (Abb. 349). Hierbei handelt es sich um einen sog. Falschkern, der im Gegensatz zum echten Kernholz keine erhöhte natürliche Resistenz aufweist. Ursache für diese Verfärbungen können z. B. Astabbrüche in der Krone sein, durch die es zu einem Lufteintritt im Stamminnern kommt.

Rosskastanien weisen ein zerstreutporiges Holz auf, in dem die Jahrringgrenzen mit dem bloßen Auge kaum erkennbar sind. Rosskastanien gehören zu den schwach abschottenden Baumarten, bei denen bereits kleinere Astungswunden zu umfangreichen Verfärbungen mit nachfolgender Fäulnis im Stamm führen können.

Abb. 349: Rosskastanie hat ein gelblich-weißes Holz; im Stamminneren ist häufig ein Falschkern ausgebildet

Schadsymptome und Auffälligkeiten an Blättern und Trieben

Blattflecken durch Blattbräune
(*Guignardia aesculi*)

Diese Pilzerkrankung verursacht an den Blättern ab Juni bis zu mehrere Zentimeter große, unregelmäßige nekrotische Flecken, die meist gelb gerandet sind. Bei starkem Befall kann die gesamte Blattspreite mit Flecken überzogen sein; betroffene Blattadern verbräunen (Abb. 350 und 351).

Stark geschädigte Blätter rollen sich ein und fallen vorzeitig ab, so dass die Kronen der befallenen Rosskastanien im Laufe des Sommers stark verlichten (Abb. 352). Auf dem nekrotischen Gewebe sind bereits mit bloßem Auge kleine schwarze Punkte erkennbar, bei denen es sich um Fruchtkörper der Nebenfruchtform handelt.

Bei mehrjährigen starken Befällen kann der betreffende Baum geschwächt und die Prädisposition gegenüber anderen Schaderregern erhöht werden. Da der Pilz auf dem Falllaub überwintert und von dort aus im Frühjahr die neuen Blätter infiziert, kann der Befallsdruck durch das Entfernen des Falllaubes verringert werden. Darüber hinaus sind Fungizid-Einsätze möglich (zuständige amtliche Pflanzenschutzstelle befragen), die aber an Altbäumen wenig praktikabel sind.

Abb. 350:
Beginnende Blatt-fleckenbildung durch den Blattbräunepilz

Abb. 351:
Fortgeschrittener Befall durch die Blattbräune

Abb. 352:
Ein starker Befall führt zum Verbräunen und Einrollen der Blätter und schließlich zum vorzeitigen Blattfall

Blattschäden durch Rosskastanienminiermotte

(*Cameraria ohridella*)

Die Rosskastanienminiermotte ist ein Schädling, der sich seit Mitte der 1980er Jahre, vom Balkan kommend, massiv in Zentral-Europa ausgebreitet hat. Im deutschsprachigen Raum ist die Miniermotte flächendeckend verbreitet. Befallen wird überwiegend die Gemeine Rosskastanie, deutlich weniger häufig andere Arten oder Hybriden dieser Gattung und selten auch Berg-Ahorn. Die Schäden zeigen sich zuerst in der unteren Krone und können sich später über die gesamte Krone ausbreiten. Auf den Blattoberseiten treten ab dem Frühjahr helle Flecken auf, die später verbräunen. Es handelt sich hierbei um Blattminen. Sie entstehen durch den Fraß der Larven, die Teile des Blattgewebes fressen, ohne dabei die Epidermis zu schädigen. Die Minen befinden sich meist zwischen zwei Blattadern. Sie sind zunächst kommaförmig, vergrößern sich im Laufe der Zeit und können eine Länge von bis zu 4 cm erreichen. In den Minen können gelblich gefärbte Larven und deren braune Kotkrümel festgestellt werden oder auch die dunklen Puppen (Abb. 353–356).

Abb. 353: Helle Blattmine der Rosskastanienminiermotte (beginnender Befall)

Bei starkem Befall kann nahezu die gesamte Blattspreite betroffen sein. Da die geschädigten Bereiche später verbräunen und vertrocknen, entsteht im Spätsommer ein der → Blattbräune (S. 265) ähnliches Schadbild.

Die Rosskastanienminiermotte entwickelt je nach Witterungsbedingungen bis zu drei Generationen pro Jahr. Bei starken, jährlich wiederkehrenden Befällen ist es möglich, dass die Bäume langfristig in ihrer Vitalität beeinträchtigt werden. Da die Überwinterung meist

Abb. 354:
Minen im Gegenlicht – die Larven (Pfeile) fressen das innere Gewebe des Blattes heraus

Abb. 355:
Die Minen verfärben sich nach einiger Zeit bräunlich

Abb. 356:
Die Larven der Rosskastanienminiermotte nach dem Öffnen der Minen

im Puppenstadium erfolgt, kann der Befallsdruck durch konsequente Entfernung des Falllaubes gemindert werden.

Blattrandnekrosen durch Auftausalze

Die Schäden zeigen sich in Form von zunächst gelblichen, später verbräunten Blatträndern, die vom gesunden, grünen Blattgewebe durch eine gelbliche Zone abgetrennt sind (Abb. 357). Rosskastanien zählen zu den salzempfindlichen Baumarten (→ Linde, S. 162).

Verticillium-Welke

(*Verticillium dahliae; V. albo-atrum*)

Die Welke wird durch gefäßparasitäre Pilze verursacht, und zwar meist nur an einzelnen Astpartien, während andere Kronenteile normal belaubt sind (Abb. 358 und 359). Es kann auch die gesamte Krone betroffen sein. Eine chronische Erkrankung zeigt sich z. B. in einem geringeren Trieblängenzuwachs, einer geringeren Belaubung sowie verkümmerten Blättern und Zweigen. Die Besiedlung erfolgt über die Wurzeln.

Abb. 357: Blattrandnekrosen durch Auftausalze

Abb. 358: Partielle Welke und Absterbeerscheinungen in der Krone durch *Verticillium*

Abb. 359: Detailbild eines durch *Verticillium* welkenden Astes

Der Pilz wächst mit seinen Hyphen in den Leitungsbahnen und gibt Welketoxine ab. Auf einen Befall reagiert der Baum mit Abwehrmechanismen, z. B. der Ausbildung von Thyllen in den Gefäßen, wodurch die Wasserversorgung weiter erschwert wird. Am Querschnitt befallener Zweige zeigen sich oftmals ringförmig angeordnete bräunliche Verfärbungen im äußeren Teil des Holzkörpers (= geschädigte Leitungsbahnen).

Gefördert wird die Erkrankung u. a. durch eine unausgewogene Nährstoffversorgung und Trockenstress. Unter Umständen können die Welkesymptome vorübergehend wieder verschwinden, meistens verschlechtert sich aber der Zustand des Baumes weiter, so dass der Baum i. d. R. abstirbt. Von der Krankheit wird zunächst nur die Vitalität beeinträchtigt. Eine Beeinträchtigung der Bruchsicherheit ist erst dann gegeben, wenn stärkere Äste oder größere Kronenteile abgestorben sind. Um die Verbreitung des Pilzes auf Nachbarbäume zu verhindern, sollte der befallene Baum möglichst rasch gerodet werden. Vor einer geplanten Nachpflanzung im Bereich des gefällten Baumes sollte ein umfangreicher Bodenaustausch erfolgen, denn auch Jungbäume können befallen werden.

Aufgehelltes Laub/ abgestorbene Triebe

Veränderungen der Laubfärbung sowie absterbende Kronenteile können viele Ursachen haben, z. B. Bodenverdichtungen, Auftausalze oder *Verticillium* (→ S. 269). Seit einigen Jahren wird jedoch bei derartigen Veränderungen in der Krone verstärkt ein Zusammenhang mit der *Pseudomonas*-Rindenkrankheit bzw. dem Rosskastanien-Sterben beobachtet (Abb. 360; weitere Symptome siehe S. 284).

Abb. 360: Derartige Veränderungen in der Krone können die Folge der *Pseudomonas*-Rindenkrankheit bzw. des Rosskastanien-Sterbens sein

Schadsymptome und Auffälligkeiten an Ästen und am Stamm

Grünastabbrüche

In den Sommermonaten kann es vereinzelt zum Abbruch belaubter Äste kommen (Abb. 361 und 362). Bei den herausbrechenden Ästen handelt es sich meist um Äste der unteren oder mittleren Krone. Typischerweise brechen sie in Perioden trocken-warmer Witterung, und zwar vor allem in der Mittagszeit. Dies geschieht ohne Windangriff und ohne Vorschädigung des Astes. Ursache ist ein Wasserdefizit durch hohe Verdunstung der Blätter bei gleichzeitigem Wassermangel im Wurzelbereich. Durch das Wasserdefizit verliert der Holzkörper an Spannung und es kommt zum Bruch.

Offenbar spielt auch die artspezifische Holzstruktur eine Rolle. Die Durchmesser der betreffenden Äste liegen im Grob-, z. T. auch im Starkastbereich. Da vor dem Bruch keine Symptome erkennbar sind, handelt es sich bei Grünastabbrüchen im Sinne der Verkehrssicherheit um nicht vorhersehbare Ereignisse.

Abb. 361: Grünastabbruch infolge sommerlicher Trockenheit

Abb. 362: Der Grünastabbruch aus Abbildung 361 – die Abbruchstelle zeigt keine Vorschäden, der Schaden war somit nicht vorhersehbar

Kronenverankerungen

Bei großkronigen Rosskastanien mit weit ausladenden Ästen sind oftmals alte Kronensicherungen vorhanden, die in den 70er und 80er Jahren als Kronenanker eingebaut worden sind (Abb. 363 und 364; → Platane, S. 235). Gerade an Rosskastanie ist das Durchbohren des Holzkörpers kritisch, da es sich um eine schwach abschottende Baumart handelt, bei der die Bohrlöcher zu umfangreichen Verfärbungen führen mit der Gefahr einer nachfolgenden Fäule.

Abb. 363: Bei älteren Rosskastanien sind oftmals Kronenverankerungen (Pfeil) vorhanden

Abb. 364: Alte Kronenankerungen müssen auf ihre Funktion geprüft werden – hier sind die Seilklemmen verrostet

Unglücksbalken

Rosskastanien können Unglücksbalken ausbilden, wobei sich die Krümmung – z. B. im Gegensatz zu Ahorn – meist in größerer Entfernung vom Stamm befindet (Abb. 365; → Esche, S. 122).

Darüber hinaus neigen Rosskastanien auch zur Ausbildung nach unten gebogener Äste, die – analog zum nach oben gebogenen Unglücksbalken – ebenfalls im Bereich der Biegung einreißen können. Sollte dies der Fall sein, besteht auch hier Handlungsbe-

Abb. 365: Typischer Unglücksbalken, nicht eingerissen

darf (z. B. Einkürzung von Kronenteilen oder Einbau einer Kronensicherung).

Das Erkennen eingerissener Unglücksbalken ist bei Rosskastanie schwierig, da die Risse mit Wachstumsrissen der Borke verwechselt werden können (→ Stammrisse, S. 277).

Wollige Napfschildlaus

(*Pulvinaria regalis*)

Im Vergleich zu Ahorn und Linde ist der Befall mit der Wolligen Napfschildlaus an Rosskastanie geringer, was auf die früher einsetzende und stärkere Borkenbildung zurückgeführt werden kann (Abb. 366; → Linde, S. 168).

Abb. 366: Wollige Napfschildlaus am Stamm einer jungen Rosskastanie

Vergabelungen mit eingewachsener Rinde/Zwiesel

Bei Rosskastanien sind häufig V-förmige Vergabelungen bzw. Zwiesel mit eingewachsener Rinde vorhanden, und zwar oftmals zwischen zwei gleichberechtigten Stämmlingen (Abb. 367 und 368; → Buche, S. 66). An alten Rosskastanien ist aufgrund der gröberen Borkenstruktur das Erkennen eingewachsener Rinde oder eines Risses in der Vergabelung schwierig. Aus diesem Grund ist an Rosskastanie häufiger eine Untersuchung der Vergabelung erforderlich.

Abb. 367: U- und V-förmige Vergabelung bei einer Rosskastanie

Abb. 368: Längsschnitt durch eine Vergabelung mit eingewachsener Rinde (Pfeil)

Eingefaulte Astungswunden

Große Astungswunden, die vor allem bei der Entnahme von Stämmlingen und Starkästen entstehen, führen bei der schwach abschottenden Rosskastanie häufig zu umfangreichen Verfärbungen mit nachfolgender Fäule im Stamm (Abb. 369 und 370). In der Vergangenheit sind derartige Wunden oftmals Jahre nach dem Schnitt baumchirurgisch ausgearbeitet worden, z. T. mit Einbau von Entwässerungsröhrchen. Dies ist heute nicht mehr Stand der Technik.

Abb. 369: Alte eingefaulte Astungswunde

Abb. 370: Längsschnitt durch den Stamm einer Rosskastanie mit zwei Astungswunden – es sind weiträumige Verfärbungen entstanden

Durch eine Klangprobe können erste Hinweise gewonnen werden, ob bereits eine größere Fäule vorliegt oder ob sich die Verfärbung bzw. der Holzabbau auf das unmittelbare Wundgewebe beschränkt. Bei einem Verdacht auf einen umfangreicheren Schaden muss ggf. eine weitergehende Untersuchung erfolgen.

Austernseitling
(*Pleurotus ostreatus*)

An Rosskastanien treten die Fruchtkörper des Austernseitlings meist an größeren Wunden am Stamm oder an Stämmlingen auf (Abb. 371; → Ahorn, S. 23).

Schuppiger Porling
(*Polyporus squamosus*)

Die Fruchtkörper des Schuppigen Porlings wachsen an Rosskastanie meist aus großen Wunden an Stämmlingen oder am Stamm (Abb. 372). Dort verursacht der Pilz eine Weißfäule, die häufig nicht nur auf den Wundbereich beschränkt ist, sondern sich oftmals auch über größere Bereiche des Holzkörpers ausbreitet (→ Ahorn, S. 25).

Stammrisse

An Rosskastanien zeigen sich oftmals in Längsrichtung verlaufende

Abb. 371: Austernseitling an einer Astungswunde bei Rosskastanie

Abb. 372: Fruchtkörper des Schuppigen Porlings

Abb. 373: Mehrere, übereinander liegende Risse im Stamm einer Rosskastanie, die bereits überwallt sind

Abb. 374: Langer nässender Riss im Stamm – der schräge Verlauf ist Folge des Drehwuchses

Abb. 375: Wachstumsriss in der Borke – dies ist kein Schadsymptom, denn der Holzkörper ist intakt

Stammrisse, die unterschiedlich ausgeprägt sein können (Abb. 373; → Esche, S. 131). Häufig kommt es an Rosskastanien aus derartigen Rissen auch zu einem Austreten von Flüssigkeit (Abb. 374). Verwechselt werden können Stammrisse mit Wachstumsrissen, die sich ausschließlich in der Borke befinden und die kein Anzeichen für eine mangelnde Bruchsicherheit sind (Abb. 375).

Abb. 376: Mehrere Wucherungen am Stamm einer Rosskastanie

Maserknollen/Wucherungen

Am Stamm von Rosskastanien können beulen- und wulstartige Verdickungen auftreten (Abb. 376; → Linde, S. 175).

Veredelungsstellen

An Rotblühenden sowie Gefülltblühenden Rosskastanien ist im unteren Stammbereich häufig eine Verdickung sichtbar, die durch das unterschiedliche Dickenwachstum von Unterlage und veredelter Sorte entstehen. Die Verdickung reicht meist bis in eine Höhe von 1–2 m, wo es oft zu einer abrupten Veränderung des Stammdurchmessers und/oder des Rindenbildes kommt (Abb. 377 und 378). Die

Abb. 377: Stamm einer veredelten, Rotblühenden Rosskastanie

Abb. 378: Detailansicht einer Veredelungsstelle

Veredelungstelle ist normalerweise gut verwachsen. Die unterschiedlichen Stammdurchmesser stellen allein kein statisches Problem dar. Liegt dennoch ein Verdacht auf einen Defekt vor (z. B. abgestorbene Rindenbereiche), besteht Handlungsbedarf. Durch eine Baumuntersuchung kann der Umfang des Schadens ermittelt werden.

Bäume mit umfangreicheren Fäulen im Stammfuß können ebenfalls eine Verdickung des unteren Stammes zeigen. Der Wulst geht jedoch „fließend" in die darüber befindlichen Stammpartien über ohne abrupten Wechsel im Rindenbild. Bei Verdacht auf eine Fäule besteht ebenfalls Handlungsbedarf.

Drehwuchs

Beim Drehwuchs handelt es sich um eine spiralförmige Drehung des Stammes um die eigene Achse (Abb. 379). Häufig ist bei Jungbäumen eine Linksdrehung erkennbar, an älteren Bäumen eine Rechtsdrehung. Die Ursache hierfür ist bislang unklar. Der Drehwuchs stellt für sich allein genommen kein Problem dar.

Abb. 379: Typischer Drehwuchs (hier rechtsdrehend) des Stammes einer älteren Rosskastanie

Einbuchtungen und Einwallungen

An Rosskastanien treten häufig Einbuchtungen und Einwallungen am Stamm und Stammfuß auf (Abb. 380; → Buche, S. 75).

Abb. 380: Rindeneinwallung am Stammfuß einer Rosskastanie

Sonnennekrosen (Rindenschäden)

Am Stamm jüngerer Rosskastanien können auf der Süd- und Südwestseite längliche Rindenschäden auftreten (Abb. 381; → Ahorn, S. 29). Das Ausmaß der Schäden im Holzkörper kann bei Rosskastanie sehr unterschiedlich sein. Durch eine Baumuntersuchung kann der Umfang der Schäden ermittelt werden.

Abb. 381: Sonnennekrose an einer jungen Rosskastanie

Abb. 382: Schwärzliche Leckstelle am Stamm einer Rosskastanie

Ausfluss und Leckstellen

Rosskastanien zeigen an Wunden und Rissen oftmals Ausfluss, der bräunlich-schwarz, aber auch weißlich sein kann (Abb. 362 und 363). Eingetrocknete Leckstellen sind meist noch über lange Zeit sichtbar. Die Ursache von Ausfluss ist noch nicht geklärt. Oftmals wird vermutet, dass nässende Wunden oder Risse kritischer sind als „trockene", doch können sich sowohl hinter Wunden mit als auch ohne Ausfluss umfangreichere Fäulen verbergen. Durch

Abb. 383: Auch an Rissen kommt es oft zu Ausfluss, weshalb hier früher Entwässerungsröhrchen eingebaut worden sind

eine Baumuntersuchung kann geklärt werden, ob ein Schaden vorliegt.

Darüber hinaus kann es am unteren Stamm und/oder Stammfuß auch zur Ausbildung von kleinen, bräunlich-schwarzen Leckstellen auf der Rinde kommen, ohne dass eine Verletzung erkennbar ist. Derartige Leckstellen sind zunächst unspezifische Anzeichen und deuten auf eine partielle Unterversorgung bzw. ein Absterben der Rinde hin. An Rosskastanie kann dies z. B. durch → *Phytophthora* (S. 283), → *Pseudomonas* (S. 284) oder durch den → Brandkrustenpilz (S. 289) verursacht werden. Eine Baumuntersuchung der betreffenden Stammbereiche kann Aufschluss über die mögliche Ursache und den Umfang des Schadens geben.

Rindenerkrankung durch *Phytophthora*

Die auffällige Rindenerkrankung wird hervorgerufen durch bodenbürtige, pilzähnliche Organismen (*Phytophthora* spp.), die am unteren Stamm dunkle, nässende Flecken in der Rinde verursachen (Abb. 384). Im Laufe der Zeit vergrößern sich diese Flecken und breiten sich stammaufwärts aus, so dass der Stammfuß und der untere Stamm schwärzlich erscheinen. Beim Anschneiden der Borke in den betreffenden Partien kommen rot-braune Verfärbungen der Rinde zum Vorschein, die zum gesunden Gewebe hin scharf abgegrenzt sind. Auf der Innenseite der

Abb. 384: Dunkle Leckstellen am unteren Stamm infolge eines *Phytophthora*-Befalls

Borke geschädigter Bereiche ist das Gewebe verbräunt und es treten deutlich sichtbare, rotumränderte Grenzlinien auf. Die Verfärbungen sind auch auf dem Holzkörper erkennbar, wobei im Holz jedoch keine Festigkeitsminderung zu verzeichnen ist.

Phytophthora besiedelt die Bäume über die Wurzeln und wird u. a. durch hohen Bodenwassergehalt (Staunässe) und Bodenverdichtungen gefördert. Erkrankte Bäume sind kleinlaubig und zeigen eine Gelbfärbung der Blätter sowie einen vorzeitigen Laubfall. Stark befallene Bäume sterben ab. Die Bruchsicherheit wird erst dann beeinträchtigt, wenn sich stärkeres Totholz gebildet hat. Um die Verbreitung des Erregers auf Nachbarbäume zu verhindern, sollte der befallene Baum möglichst rasch gerodet werden. Vor einer Nachpflanzung sollte ein umfangreicher Bodenaustausch erfolgen, da auch Jungbäume befallen werden können.

Schwarze Leckstellen an Rosskastanie können auch andere Ursachen haben, z. B. einen Befall durch den → Brandkrustenpilz (S. 289).

Pseudomonas-Rindenkrankheit/ Rosskastanien-Sterben

Dunkle Leckstellen auf der Rinde der Rosskastanie wurden ab dem Jahr 2003 zunächst in den Niederlanden, später auch in Nordwest-Deutschland vermehrt festgestellt, die durch das Bakterium *Pseudomonas syringae* pv. *aesculi* verursacht wurden. Inzwischen muss man davon ausgehen, dass diese Rindenkrankheit in ganz Deutschland und auch vielerorts in Mitteleuropa vorkommt.

Von der *Pseudomonas*-Rindenkrankheit befallene Bäume weisen vom Stammfuß bis in die Krone rostbraune bis schwärzliche Leckstellen auf, die nachfolgend eintrocknen (Abb. 385). Alte Leckstellen sind krustenförmig und speziell bei feuchter Witterung nur schwer erkennbar. Leckstellen sind jedoch unspezifische Symptome und ein Anzeichen, dass die Rinde stirbt bzw. schon abgestorben ist. Daher kann die *Pseudomonas*-Rindenkrankheit auch mit *Phytophthora* (→ S. 283), *Verticillium* (→ S. 269) oder dem Brandkrustenpilz (→ Linde, S. 181) verwechselt werden. Im Zweifelsfall kann eine Laboruntersuchung Klarheit schaffen.

Ein Problem bei der Baumansprache ist weiterhin, dass zumindest in der Anfangsphase der *Pseudomonas*-Rindenkrankheit die Rosskastanie keine oder nur sehr unauffällige Symptome zeigt. Dies hat unter anderem auch mit dem Alter bzw. dem Ort des Befalls zu tun. Dünn- bzw. glattrindige Bäume bzw. Kronenteile zeigen beispielsweise eher auffällige Veränderungen der Rinde in Form von Leckstellen und Rissen als alte, dickborkige Bäume bzw. Kronenteile.

Abb. 385: Leckstellen auf der Rinde verursacht durch das Bakterium *Pseudomonas syringae* pv. *aesculi*

In Deutschland treten in einigen Gebieten seit dem Winter 2011/2012 an derartig befallenen Bäumen weitere Schäden durch verschiedene holzzerstörende Pilze auf. Nach heutigem Stand des Wissens muss das Bakterium *P. syringae* pv. *aesculi* als der Primärschädling für das Rosskastanien-Sterben angesehen werden. Es bringt die Rinde zum Absterben und ermöglicht dadurch erst den umfangreichen und raschen Befall holzzerstörender Pilze.

Das Rosskastanien-Sterben ist durch folgende Symptome gekennzeichnet:

1. Am auffälligsten sind die vielen Fruchtkörper holzzerstörender Pilze, die in den Wintermonaten aus augenscheinlich intakten Rindenbereichen am Stamm und in der Krone herauswachsen (Abb. 386). Die häufigsten Pilze sind der Austernseitling (*Pleurotus ostreatus*, → Ahorn, S. 23) und der Samtfußrübling (*Flammulina velutipes*, Abb. 387). Weiterhin kommt häufiger

Abb. 386: Das Befallsbild im Winter: aus augenscheinlich intakter Rinde wachsen viele Fruchtkörper vom Austernseitling und vom Samtfußrübling

Abb. 387: Fruchtkörper des Samtfußrüblings

noch der Violette Knorpelschichtpilz (*Chondrostereum purpureum*) vor. Bei stärker geschädigten Bäumen können zudem am unteren Stammbereich unter abgestorbener Rinde das weiße Fächermyzel sowie Rhizomorphen des Hallimaschs (*Armillaria* spp., → Mehlbeere, S. 196) vorhanden sein.

2. An befallenen Bäumen ist die Rinde streifenförmig abgestorben, wodurch diese rissig wird und teilweise auch der Holzkörper freigelegt wird.

3. Das Holz nahe der ansitzenden Pilzfruchtkörper ist abgestorben und verfärbt. Die holzzerstörenden Pilze verursachen bei dieser Komplexkrankheit eine Fäule, die sich offenbar deutlich schneller ausbreitet und zudem schneller zu einer mangelnden Bruchsicherheit führt als bei anderen Schäden, wie z. B. bei großen Schnittwunden oder Anfahrschäden.

4. Befallene Bäume zeigen im Krankheitsverlauf häufig auch Veränderungen in der Krone, vor allem absterbende Kronenteile, aufgehelltes und/oder kleines Laub sowie Totholz (→ S. 271). In manchen Fällen sterben nach dem Laubfall im Laufe des Winters

Äste ab und zeigen sich im Frühjahr als Totholz. Bei einem besonders starken Befall kommt es zum Absterben von größeren Kronenpartien bzw. auch der gesamten Krone. Befallene Jungbäume treiben im Frühjahr noch kleine Blätter, bilden Blütenstände und sterben dann ab. Die Bäume können im Sommer auch eine deutlich aufgehellte Belaubung einzelner Kronenpartien, teilweise auch der gesamten Krone zeigen.

Eine optimale Zeit für die Baumkontrolle ist bei befallenen Rosskastanien der Winter, wenn die o. g. Pilzfruchtkörper aus der Rinde wachsen. Die Sommermonate sind dagegen gut geeignet zur Feststellung von Kronenschäden, speziell absterbende Kronenteile, Klein- und Helllaubigkeit sowie Totholz.

Bäume mit umfangreichem Befall durch die o. g. holzzerstörenden Pilze sind nach den Erfahrungen der letzten Jahre nicht mehr bruchsicher. Anders als bei Befällen mit holzzerstörenden Pilzen ohne Beteiligung von *Pseudomonas* ist dies bereits dann der Fall, wenn sich die Fruchtkörper erstmals am Baum bilden und/oder Kronenteile frisch abgestorben sind.

Derzeit stehen keine Bekämpfungsmöglichkeiten bzw. -mittel zur Verfügung. Nach Schnittmaßnahmen bzw. der Fällung sollte das Schnittgut nicht vor Ort verbleiben bzw. dort gehäckselt werden. Zur Reduzierung des Befallsdrucks muss das Material abtransportiert und am besten einer Heißkompostierung zugeführt werden.

Schadsymptome und Auffälligkeiten am Stammfuß und an Wurzeln

Lackporling

(*Ganoderma* spp.)

Zur Gattung der Lackporlinge gehören verschiedene Arten. An Park- und Straßenbäumen sind häufig der Flache Lackporling (*G. lipsiense*; Syn. *G. applanatum*) und der Wulstige Lackporling (*G. adspersum*) zu finden. Ihre Fruchtkörper erscheinen einzeln oder zu mehreren am Stammfuß und dort z. B. an Einwallungen oder zwischen Wurzelanläufen.

Es handelt sich um mehrjährige und damit ganzjährig erkennbare,

Abb. 388: Fruchtkörper eines Lackporlings am Stammfuß im Bereich einer Einwallung

flache und halbkreisförmige Konsolen, die bis 40 cm breit und bis 6 cm dick werden können. Die Oberseite ist hell- bis rotbraun und meist konzentrisch wellig oder ungleichmäßig höckerig ausgebildet. Die feinporige Unterseite ist – ebenfalls wie die Zuwachszone am Rand – weiß oder cremefarben (Abb. 388 und 389). Sie färbt sich im frischen Zustand auf Druck bräunlich. Im Sommer und Herbst streut der Pilz große Mengen rot-brauner Sporen aus, die sich auf dem Fruchtkörper und in seiner näheren Umgebung ablagern.

Lackporlinge verursachen als Wund- oder Schwächeparasiten eine Weißfäule im Wurzelstock und Stammfuß. An befallenen Bäumen ist teilweise eine verstärkte Holzbildung an einzelnen Wurzelanläufen oder im gesamten Stammfußbereich erkennbar (sog. Kompensationswachstum), wodurch der Baum versucht, dem Holzabbau im Innern entgegenzuwirken. Trotzdem kann durch die Fäule die Bruchsicherheit beeinträchtigt sein. Aus diesem Grund besteht beim Feststellen eines Lackporling-Befalls Handlungsbe-

Abb. 389: Weiße Porenschicht auf der Unterseite eines Lackporlings

darf (z. B. Baumuntersuchung im Stammfußbereich).

Brandkrustenpilz

(*Kretzschmaria deusta*; Syn. *Ustulina deusta*)

Die Fruchtkörper erscheinen an Rosskastanie – im Gegensatz zu Linde – oftmals erst in einem späten Stadium des Befalls und zudem in geringerer Anzahl (Abb. 390; → Linde, S. 181). Häufig sind zunächst auch nur schwarze Leckstellen am Stammfuß vorhanden.

Die Fäule ist an Rosskastanie häufig zentral ausgebildet (Abb. 391). Über einen langen Zeitraum zeigen sich jedoch äußerlich keine Symptome. Bei Verdacht auf eine Fäule durch den Brandkrustenpilz besteht Handlungsbedarf, z. B. Baumuntersuchung.

Abb. 390: Dunkle Leckstellen (links) und helle Fruchtkörper vom Brandkrustenpilz (rechts/Pfeil) am Stammfuß einer Rosskastanie

Abb. 391: Zentrale Fäule an einer Rosskastanie – häufig wird dies erst in einem späten Stadium erkannt, da sich äußerlich über lange Zeit keine Symptome zeigen

14. Weide (*Salix*)

Seite

Schadsymptome und Auffälligkeiten

an Blättern und Trieben:

an Ästen und am Stamm:

am Stammfuß und an Wurzeln:

Verbreitung und Verwendung

Bei der Gattung *Salix* handelt es sich um eine sehr vielgestaltige Gattung, zu der etwa 300, z. T. sehr ähnliche Arten gezählt werden. Es gibt sowohl strauch- als auch baumartig wachsende Weiden. Alle Arten sind sommergrün und überwiegend in der nördlichen gemäßigten Zone beheimatet. Sie werden vor allem als Landschaftsgehölze sowie als Park- und Gartengehölze verwendet, und zwar insbesondere in Wassernähe. Als „echte" Straßenbäume im innerstädtischen Bereich findet man Weiden dagegen nur selten. Zu den häufig gepflanzten Weiden im städtischen Bereich zählt die Silber-Weide (*S. alba*) und ihre Sorten, wie z. B. die Trauer-Weide (*S. alba* 'Tristis'), worauf sich die folgenden Ausführungen beziehen. Als baumartige Weiden werden häufiger noch die Sal-Weide (*S. caprea*), die Knack- oder Bruch-Weide (*S. fragilis*) und die Korb-Weide (*S. viminalis*) verwendet.

Der Zierwert der meisten Weiden besteht in der auffallenden Blüte vor dem Austrieb, den „Kätzchen", dem zartgrünen Laubaustrieb sowie dem malerischen, meist überhängenden Habitus. Die Bäume bevorzugen feuchte, nährstoffreiche Böden sowie sonnige Standorte.

Baumbiologie

Die meisten Weiden haben mit ca. 80–100 Jahren eine geringe Lebenserwartung. Weiden besitzen ein weiches, weißliches Holz, in dem die Gefäße zerstreutporig angeordnet sind. Die Jahrringe sind meist breit und gut erkennbar. Ältere Bäume weisen im Innern des Holzkörpers meist eine rötlich-braune Verfärbung auf, die sich vom äußeren Holz abhebt (Abb. 392). Hierbei handelt es sich um einen sog. Falschkern, der im Gegensatz zum echten Kernholz keine erhöhte natürliche Resistenz aufweist. Bei Weiden kann es zu einer Vernässung des Falschkerns kommen, der dann als Nasskern bezeichnet wird. Er ist meist von Bakterien besiedelt und riecht unangenehm säuerlich. Der Falsch- bzw. Nasskern stellt allein kein Problem für die Baumstatik dar. Nach Verletzungen, die bis an den Falsch- bzw. Nasskern reichen, können sich in diesen Bereichen jedoch rasch Fäulen entwickeln, die die Bruchsicherheit des Baumes beeinträchtigen können. Hin-

Abb. 392: Stammquerschnitt einer Weide mit einem Falschkern im Innern

sichtlich der Wundreaktion gelten Weiden als schwach abschottende Baumarten, bei denen selbst kleine Wunden zu weitreichenden Verfärbungen im Holzkörper führen. Weiden neigen im fortgeschrittenen Alter zu Fäulen im Stamm und Stammfuß.

Schadsymptome und Auffälligkeiten an Blättern und Trieben

Blatt- und Triebschäden durch *Marssonina*-Krankheit

(*Marssonina salicicola*)

Von dieser pilzlichen Erkrankung sind besonders die Silber- und Trauer-Weide sowie die Sal-Weide betroffen. Es kommt jedoch zu keiner maßgeblichen Beeinträchtigung der Vitalität. Im Frühjahr verursacht der Pilz rundliche, bis ca. 3 mm große purpurbraune Flecken auf der Blattoberseite, die über die gesamte Spreite verteilt sind. Im Laufe der Zeit fließen die Flecken zusammen, wodurch das gesamte Blatt bräunlich erscheinen kann. Stark befallene Blätter trocknen ein und fallen vorzeitig ab (Abb. 393). Der Pilz überwintert als Myzel auf der Rinde oder im infizierten Falllaub.

Zusätzlich zu den Blattsymptomen verursacht der Pilz auch Schäden an Trieben. Dort treten ab etwa Mai langgezogene, schwärzliche Flecken auf, die bis ca. 3 cm lang sein können (Abb. 394). Meist

Abb. 393: Bräunliche Blätter und vorzeitiger Blattfall durch *Marssonina*-Krankheit

Abb. 394: Schmale Rindennekrose an einjährigem Trieb durch *Marssonina* (Foto: H. Butin)

erscheinen die Flecken im Bereich von Lentizellen. Im Laufe des Sommers platzt an den Flecken die Rinde auf, wodurch ein schorfähnliches Erscheinungsbild entsteht. Es kommt zum Absterben von Triebspitzen. Durch den verstärkten Austrieb von Seitenknospen und einer damit verbundenen Anhäufung von Trieben in der Kronenperipherie kann sich der Habitus des befallenen Baumes verändern. Es kommt jedoch auch hier zu keiner nachhaltigen Beeinträchtigung der Vitalität.

Triebsterben durch *Cryptodiaporthe salicella*

Dieser pilzliche Erreger tritt häufig an geschwächten Weiden auf, und zwar vor allem an der Trauer-Weide. Ausgehend von den Triebspitzen kommt es zum Verbräunen und Absterben von Trieben (Abb. 395); die betroffenen Bereiche können bis zu 2 m lang sein. Auf der Rinde sind dunkle Punkte erkennbar, bei denen es sich um die Fruchtkörper des Pilzes handelt (Lupe!). An stärkeren Ästen kön-

Abb. 395: Befall der Triebspitze durch *Cryptodiaporthe*

nen zudem kleine, nekrotische Bereiche auftreten, die vom Baum meist schon innerhalb einer Vegetationsperiode überwallt werden. Die Pilzinfektion erfolgt während der Vegetationsruhe sowie in Zeiten einer schlechten Wasserversorgung. Die Anzahl abgestorbener Triebe kann erheblich sein, doch zeigen die befallenen Weiden i. d. R. einen ausreichenden Neuaustrieb. Eine maßgebliche Beeinträchtigung der Vitalität besteht daher nicht. Zur Befallsreduzierung sollten betroffene Triebe entfernt werden. Darüber hinaus hilft bei trockener Witterung eine zusätzliche Bewässerung.

Schadsymptome und Auffälligkeiten an Ästen und am Stamm

Totholz

Weiden gehören zu den Baumarten, die in verstärktem Maße Totholz bilden. Dies kann sowohl in der Kronenperipherie entstehen, z. B. durch Trockenheit oder → Triebsterben (S. 294), als auch in inneren und unteren Kronenbereichen infolge von Lichtmangel (Abb. 396).

Abb. 396: Starke Totholzbildung in einer Weidenkrone nach anhaltender Trockenheit

Unabhängig von der Entstehungsart werden absterbende oder bereits abgestorbene Äste rasch von holzzerstörenden Pilzen besiedelt und abgebaut, so dass sie leicht abbrechen können. Unterliegen die Bäume der Verkehrssicherungspflicht, müssen stärkere Totäste (ab etwa 5 cm Durchmesser an der Astbasis) zur Herstellung der Bruchsicherheit entfernt werden.

Abb. 397: Frischer Windbruchschaden an Weide

Windbruchschäden

Weiden neigen bei starkem Windangriff zum Abbruch lebender Äste (Abb. 397). Diese Schäden entstehen normalerweise an exponiert stehenden Bäumen und dort in den oberen oder äußeren Kronenbereichen; beim Herunterbrechen

Abb. 398: Windbruch – der abgebrochene Ast weist keine Vorschäden auf

kann es zu weiteren Schäden in tiefer liegenden Kronenbereichen kommen. Es können auch Starkäste brechen, im Extremfall sogar Stämmlinge. Handelt es sich ausschließlich um einen Sturmschaden, sind die Holzkörper der herausbrechenden Teile intakt, d. h., sie weisen keine Fäulen oder Risse auf (Abb. 398).

Besonders bruchgefährdet sind die großkronigeren Arten, wie z. B. Silber-Weide. An frisch abgebrochenen Grob- und Starkästen sollte ein Nachschneiden der Bruchstellen veranlasst werden. Bei Weiden, die immer wieder durch Windbruch geschädigt werden und die trotzdem erhalten werden sollen, kann eine Kroneneinkürzung in Erwägung gezogen werden.

Kopfweiden und gekappte Weiden

Weiden wurden und werden häufig „auf Kopf" geschnitten. Dies erfolgte ursprünglich zur Gewinnung von Trieben zum Herstellen von Korbwaren, heute eher aus gestalterischen Gründen sowie zur Begrenzung der Kronenausdehnung (Abb. 399). Hierzu werden die im Vorjahr oder in den letzten zwei bis drei Jahren gebildeten Triebe regelmäßig entnommen, ohne dass dabei in das alte Holz geschnitten wird. Auf diese Weise entstehen nur kleine Wunden, die schnell überwallt werden, ohne dass sich eine Fäule im Stammkopf entwickelt. Bei regelmäßig „auf Kopf" geschnittenen Weiden entstehen wulstige Stammköpfe. Problematisch wird es, wenn von den kurzen Schnittintervallen

Abb. 399: Junge Weide, die durch regelmäßigen Schnitt zur Kopfweide geformt wird

Abb. 400: Gekappte Weide – im Bereich der Schnittstelle ist der Stamm eingefault

abgewichen wird, da Weiden innerhalb weniger Jahre lange und schwere Ständer entwickeln können. Hierdurch kann die Bruchsicherheit beeinträchtigt werden.

Kopfweiden werden oft fälschlicherweise mit gekappten Weiden verwechselt. Bei einer Kappung werden der Stamm oder die Stämmlinge radikal abgesetzt, so dass auch das ältere Gewebe im Innern des Holzkörpers verletzt wird (→ Linde, S. 170). Aufgrund des schwachen Abschottungsvermögens von Weiden faulen alte Kappstellen meist weit ein, häufig bis in den Stammfuß (Abb. 400–402). Darüber hinaus können sich an Weiden unterhalb der Kappstellen auch großräumige → Totstreifen (S. 299) entwickeln.

Abb. 401: Ehemals gekappte Weide mit langen Ständern (Foto: H. STOBBE)

Abb. 402: Die Weide aus Abb. 401 – durch die Fäule im Stamm kann es zum Ausbruch der Ständer kommen (Foto: H. Stobbe)

Totstreifen

An Weiden können abgestorbene Rinden- und Kambiumbereiche auftreten, die sich ausgehend von Wunden entwickeln. Diese Totstreifen können eine Länge von mehreren Metern erreichen und mehrere Dezimeter breit sein (Abb. 403). Sind die Totstreifen noch von der darüber liegenden Rinde bedeckt, sind sie äußerlich nicht erkennbar. Aufmerksam wird man auf einen derartigen Schaden erst durch eine Klangprobe mittels Schonhammer, da die Borke nur lose aufliegt. Der dahinter liegende Holzkörper kann jedoch völlig intakt sein, so dass lose Borkenplatten nicht zwangsläufig auf einen umfangreicheren Defekt im Stamminnern hindeuten müssen. Reichen die geschädigten Bereiche bis zum Stammfuß, kann z. B. der Hallimasch (→ Mehlbeere, S. 196) in den Totstreifen eindringen. Durch eine Baumuntersuchung kann der Umfang des Schadens geklärt werden.

Abb. 403: Totstreifen am Stamm einer Weide

Vergabelungen mit eingewachsener Rinde/Zwiesel

Weiden wachsen häufig mehrstämmig. In den bodennahen, zwieselartigen Vergabelungen befindet sich oftmals eingewachsene Rinde (Abb. 404; → Buche, S. 66). Bei schräg und ausladend gewachsenen Stämmlingen sind V-förmige Vergabelungen mit eingewachsener Rinde besonders bruchgefährdet. Zudem ist an Weiden eine starke Sekundärwurzelbildung in diesen Vergabelungen typisch. Diese wird meist erst nach dem Ausbruch eines Astes oder eines Stämmlings sichtbar (Abb. 405).

Abb. 404: Bodennahe Vergabelung einer Weide – die linke Vergabelung weist eingewachsene Rinde auf und der linke Stämmling senkt sich bereits ab (akute Bruchgefahr)

Abb. 405: Diese Vergabelung mit eingewachsener Rinde ist auseinandergebrochen – anhand der Überwallung wird deutlich, dass die Vergabelung schon länger eingerissen war; links sind Sekundärwurzeln erkennbar

Schwefelporling
(*Laetiporus sulphureus*)

Die Fruchtkörper erscheinen an Weide meist am Stamm oder an den Stämmlingen (Abb. 406). Der Pilz verursacht eine Braunfäule, die sich an Weide zunächst im zentralen Teil des Holzkörpers ausbreitet (→ Eiche, S. 103). Die Fäule kann sich im Laufe der Zeit – im Gegensatz zur Eiche, bei der sie i. d. R. auf das Kernholz beschränkt bleibt – über den gesamten Stammquerschnitt ausbreiten. Dies kann insbesondere an größeren sowie schräg stehenden Weiden ein statisches Problem darstellen.

Falscher Zunderschwamm
(*Phellinus igniarius*)

Die mehrjährigen und daher ganzjährig erkennbaren Fruchtkörper treten an stärkeren Ästen oder Stämmen älterer Weiden auf (Abb. 407). Es handelt sich um mehr oder weniger halbkreisförmige, harte Konsolen (Abb. 408). Sie erscheinen sowohl im Bereich

Abb. 406: Mehrere Fruchtkörper des Schwefelporlings an einer alten Weide

Abb. 407: Zwei Fruchtkörper vom Falschen Zunderschwamm an einem Weiden-Stämmling

Abb. 408: Die Porenschicht des Falschen Zunderschwamm ist braun gefärbt

von Wunden als auch aus augenscheinlich intakten Rindenpartien. Häufiger sind an mehreren Stellen am Baum Fruchtkörper zu finden, was auf einen weitreichenderen Befall schließen lässt. Die Fruchtkörper können bis zu 25 cm breit und an der Anwachsstelle 15 cm dick werden. Die konzentrisch wulstige Oberseite ist kahl, meist etwas rissig und hell- bis schwarzgrau gefärbt, der wulstige Rand in der Wachstumszeit grau- bis rostbraun. Auf der bräunlichen Unterseite befinden sich feine, runde Poren. Die Trama ist dunkelrotbraun, was den Pilz vom „Echten" Zunderschwamm unterscheidet (→ Birke, S. 51). Der Pilz verursacht eine Weißfäule, durch die die Bruchsicherheit beeinträchtigt sein kann. Aus diesem Grund besteht Handlungsbedarf (z. B. Baumuntersuchung). Bei diesem Befall am Stamm verbleibt oftmals nur die Fällung des Baumes.

Schadsymptome und Auffälligkeiten am Stammfuß und an Wurzeln

Löcher in der Borke durch Weidenbohrer

(*Cossus cossus*)

Durch diesen Schmetterling können an älteren Weiden am Stammfuß Löcher in der Rinde entstehen, die mit Holzspänen verstopft sind (Abb. 409). Beim Anschneiden der betroffenen Bereiche kommen bis zu mehrere Zentimeter breite und bis zu 1 m lange Fraßgänge in Holz und Rinde zum Vorschein. Verursacht werden diese Schäden von 6–10 cm langen, fleischroten

Abb. 409: Löcher vom Weidenbohrer im Stammfuß; verwechselt werden kann das Schadbild mit dem vom ALB und CLB (→ Ahorn, S. 35 ff.)

Larven mit einem schwarzen Kopf, die nach Essig riechen (Abb. 410). Die Überwinterung erfolgt im Larvenstadium, wobei das Insekt insgesamt eine dreijährige Entwicklung durchläuft. Im Frühjahr des dritten Jahres fressen sich die Larven bis zur Rindenoberfläche und verpuppen sich am Stammfuß oder im Boden. Die Flügel der Schmetterlinge sind braungrau gefärbt mit dunkleren Linien, der Körper braun mit hellen Ringeln; ihre Spannweite beträgt 70 bis 95 mm. Die Flugzeit liegt im Juni/Juli. Die Eiablage erfolgt in Rindenritzen, von denen aus sich die Larven ins Holz fressen. Ein starker Befall kann zum Absterben einzelner Äste oder auch ganzer Kronenteile führen. Zu einer Beeinträchtigung der Verkehrssicherheit kommt es, wenn sich stärkere Totäste gebildet haben oder sich infolge der Schäden eine Fäule entwickelt hat (Abb. 411). Bei Verdacht auf einen umfangreichen Befall sollte eine Baumuntersuchung durchgeführt werden.

Abb. 410: Die Larve des Weidenbohrers

Abb. 411:
Fäule im Stammfuß als Folge eines älteren Befalls mit dem Weidenbohrer (Foto: Oliver Gaiser)

Stockfäule ohne vorhandene Pilzfruchtkörper

Ältere Weiden weisen häufig eine Fäule im Wurzelstock und Stammfuß auf, ohne dass sich Pilzfruchtkörper zeigen (Abb. 412, → Esche, S. 134). Verursacht werden kann die Fäule an Weide durch verschiedene wurzelbürtige Fäuleerreger, wie z. B. Hallimasch (→ Mehlbeere, S. 196) oder Lackporling (→ Rosskastanie, S. 287). Darüber hinaus kann sich ausgehend vom Stamm auch eine Fäule durch den → Schwefelporling (S. 301) oder den → Falschen Zunderschwamm (S. 301) bis in den Stammfuß hinein entwickeln.

Abb. 412:
Die Weide hatte eine Stockfäule; Pilzfruchtkörper sind jedoch nicht aufgetreten

15. Weißdorn (*Crataegus*)

Seite

Schadsymptome und Auffälligkeiten

an Blättern und Trieben:

an Ästen und am Stamm:

am Stammfuß und an Wurzeln:

Verbreitung und Verwendung

Die Gattung *Crataegus* umfasst etwa 90 Arten in Europa und Asien sowie viele amerikanische Arten, die z. T. nur schwer voneinander abgrenzbar sind. Es handelt sich meist um kleine Bäume oder Sträucher, die größtenteils sommergrün sind. Weißdorn zeichnet sich durch die Blüte, den interessanten Fruchtbehang und/oder die auffallende Herbstfärbung aus. Besondere Bedeutung im städtischen Bereich haben Scharlach-Weißdorn (*C. coccinea*), Hahnensporn-Weißdorn (*C. crusgalli*), Zweigriffliger Weißdorn (*C. laevigata*) und Eingriffliger Weißdorn (*C. monogyna*). Als kleinkronige Bäume werden sie gern in Wohnstraßen, Gärten und Parkanlagen gepflanzt. Die einheimischen Arten sind wichtige Landschaftsgehölze. Die Bodenansprüche sind gering, sofern der Boden nicht zu leicht und nährstoffarm ist. Der Standort sollte sonnig bis maximal halbschattig sein.

Baumbiologie

Weißdorn kann 100–150 Jahre alt werden. Er besitzt ein sehr hartes, schweres, rötlichweißes Holz, ohne Ausbildung eines Farbkerns (Abb. 413). Die sehr feinen Gefäße sind zerstreutporig angeordnet und erst mit einer Lupe erkennbar. Die Jahrringe sind häufig sehr schmal und daher nur schlecht erkennbar. Weißdorn zählt zu den gut abschottenden Baumarten; unterhalb von Astungswunden kommt es jedoch oftmals zur Ausbildung von langen Totstreifen (→ S. 312).

Abb. 413: Weißdorn hat ein rötlich-weißes, hartes Holz; häufig bilden sich starke Einwallungen aus

Schadsymptome und Auffälligkeiten an Blättern und Trieben

Blattflecken durch Blattbräune

(*Diplocarpon mespili*)

Durch diese Pilzerkrankung entstehen auf der Blattoberseite kleine, unregelmäßig ausgebildete rotbraune Blattflecken (Abb. 414). Bei einem starken Befall fließen die Flecken zusammen, so dass sich die gesamte Blattfläche braunschwarz verfärbt (Abb. 415).

Auch am Blattstiel können schwarze, langgezogene Flecken auftreten. Stark befallene Blätter fallen ab, so dass die betroffenen Weißdorn-Bäume meist schon im Som-

Abb. 414: Blattflecken durch Blattbräunepilz

Abb. 415: Bei einem starken Befall durch den Blattbräunepilz fließen die Flecken zusammen

Abb. 416: Vorzeitiger Blattfall – verursacht durch den Blattbräunepilz

Abb. 417: Blattflecken durch *Myriellina cydoniae* an Eingriffligem Weißdorn (Foto: H. Butin)

mer weitgehend entlaubt sind (Abb. 416). Der Pilz überwintert im Falllaub und befällt von dort im Frühjahr die neuen Blätter. Die Verbreitung des Pilzes innerhalb der Baumkrone sowie die Infizierung weiterer Bäume erfolgen vor allem durch Regenwasser.

Ein ein- oder zweimaliger Befall stellt für den betroffenen Baum kein Problem dar. Eine Schwächung kann dann eintreten, wenn ein starker Befall über mehrere Jahre erfolgt. Da die Ausbreitung der Erkrankung durch Feuchtigkeit begünstigt wird, ist es ratsam, Weißdorn an möglichst sonnige Standorte zu pflanzen, an denen das Laub nach Regenfällen rasch abtrocknen kann. Darüber hinaus kann der Befallsdruck durch das Entfernen des Falllaubes verringert werden. Teilweise wird für mehrmals stark befallene Bäume ein kräftiger Kronenrückschnitt empfohlen (→ Kappungen, S. 311). Der Erfolg dieser Maßnahmen ist jedoch fraglich, da sich an stark eingekürzten Ästen zahlreiche, dicht stehende und auch stärker belaubte Wasserreiser bilden, wodurch die Befallsgefahr steigen kann.

Am Eingriffligen Weißdorn kann die o. g. Blattbräune mit einer anderen Blattbräune verwechselt werden, die durch den pilzlichen Erreger *Myriellina cydoniae* verursacht wird und die erst vor wenigen Jahren beschrieben wurde (Abb. 417).

Dieser Blattbräunepilz verursacht jedoch deutlich größere Blattflecken (2–6 mm Durchmesser). Die Erkrankung ist oftmals weniger stark ausgeprägt und verursacht nach bisherigen Erkenntnissen im Gegensatz zu der o. g. Blattbräune keine Beeinträchtigung der Vitalität.

Triebsterben durch Feuerbrand

(*Erwinia amylovora*)

Die durch ein Bakterium verursachte Erkrankung ist meldepflichtig. Bei einem Befallsverdacht ist umgehend die zuständige amtliche Pflanzenschutzstelle zu benachrichtigen. Von eigenständigen Probennahmen und Untersuchungen ist abzuraten.

Im Frühjahr kommt es ausgehend von der Triebspitze zum plötzlichen Welken und Verbräunen von Blüten, Blättern und Trieben (Abb. 418). Kennzeichnend ist, dass das Laub wie verbrannt wirkt und die verdörrten Triebspitzen meist hakenförmig nach

Abb. 418: Feuerbrand an Weißdorn (Foto: BBA/Forst)

unten umgebogen sind. Bei hoher Luftfeuchtigkeit sind an den betroffenen Pflanzenteilen weißliche Schleimtröpfchen erkennbar. Die Ausbreitung dieser bakteriellen Erkrankung erfolgt vor allem durch Insekten, aber auch durch Vögel, Wind, Regen und Schnittwerkzeuge. Die Infektion geschieht über Blüten, Lentizellen und Verletzungen. Befallene Pflanzen sterben i. d. R. ab und müssen in Absprache mit der zuständigen amtlichen Pflanzenschutzstelle gerodet werden.

Schadsymptome und Auffälligkeiten an Ästen und am Stamm

Eingeschränktes Lichtraumprofil

Als kleinkronige Baumart wird Weißdorn gern in Fußgängerzonen und in schmalen Straßen und dort dicht an die Fahrbahn gepflanzt. Aufgrund der niedrigen Kronenansätze wird durch die unteren Äste das Lichtraumprofil im Straßenbereich (erforderliche Höhe 4,50 m) eingeschränkt, häufig auch das der Geh- und Radwege (erforderliche Höhe 2,50 m; Abb. 419). Ist dies der Fall, muss ggf. ein Lichtraumprofilschnitt veranlasst werden. Zum Herstellen des erforderlichen lichten Raumes reicht es bei Weißdorn häufig nicht aus, die betreffenden Äste nur einzukürzen, sondern sie müssen meist vollständig entfernt werden. Hierdurch entstehen größere Wunden (→ Kappungen, S. 311).

Abb. 419: Durch den niedrigen Kronenansatz gibt es oftmals Probleme mit dem Lichtraumprofil

Kappungen

Bei einer schlechten Vitalität (starke Verlichtungen, mangelnde Verzweigung) werden Weißdorn-Bäume oftmals gekappt, um den Baum zu einem Neuaustrieb anzuregen. Weißdorn kann Verletzungen zwar engräumig abschotten, so dass es lange dauert, bis sich ausgehend von den großen Wunden eine Fäule entwickelt hat (Abb. 420), doch entstehen unterhalb der Verletzung häufig → Totstreifen (S. 312). Zudem wird durch derartige Eingriffe der Habitus erheblich verändert. Hinzu kommt, dass die jungen Blätter der neuen Triebe bevorzugt von der → Blattbräune (S. 307) befallen werden, so dass sich der Zustand gekappter oder stark geschnittener Weißdorn-Bäume innerhalb weniger Jahre drastisch verschlechtern kann, bis hin zum Absterben (Abb. 421). Im Gegensatz zu Kappungen an großkronigen Bäumen stellen bei Weißdorn selbst eingefaulte Kappstellen häufig keine Gefahr für die Bruchsicherheit dar.

Abb. 420: Alte eingefaulte Kappstelle an einem Weißdorn

Abb. 421: Dieser Weißdorn wurde nach der Kappung so stark von der Blattbräune befallen, dass er abgestorben ist

Vergabelungen mit eingewachsener Rinde/Zwiesel

Weißdorn besitzt häufig V-förmige Vergabelungen mit eingewachsener Rinde (Abb. 422; → Buche, S. 66). Bei eingerissenen Vergabelungen an Weißdorn kann es zwar zu einem Astausbruch kommen, aufgrund der kleinen Kronen und Kronenoberhöhen besteht jedoch meist nur ein geringes Schadensrisiko.

Abb. 422: Zwiesel mit eingewachsener Rinde

Totstreifen

Weißdorn neigt am Stamm – ähnlich wie Hainbuche – zu schmalen abgestorbenen Rinden- und Kambiumbereichen (Abb. 423; → Hainbuche, S. 141).

Abb. 423: Totstreifen am Stamm

Einbuchtungen und Einwallungen

Ältere Weißdorn-Bäume besitzen meist einen stark gebuchteten Stamm mit eingewallten Rindenbereichen (Abb. 424; → Buche, S. 75).

Abb. 424: Einbuchtungen und Einwallungen am Stamm sind typisch für Weißdorn

Löcher in der Borke durch Birnbaum-Prachtkäfer

(*Agrilus sinuatus*)

An geschwächten Weißdorn-Bäumen unterschiedlichen Alters kann ein Prachtkäfer-Befall auftreten. Äußerlich erkennbar sind kleine, querovale Löcher in der Borke des Stammes oder stärkerer Äste (Abb. 425). Nach dem Entfernen der Rinde im Bereich der Bohrlöcher kommen darunter zickzackartige Fraßgänge zum Vorschein, die von den Larven des Käfers verursacht werden (Abb. 426). Die fußlosen Larven sind hell gefärbt und werden bis 25 mm lang. Ihre Entwicklung dauert zwei Jahre. Die Larven verpuppen sich in den Fraßgängen. Ab etwa Juni des dritten Jahres beginnt die Flugzeit der voll entwickelten Käfer, die sich aus der Rinde herausbohren,

Abb. 425: Bei Weißdorn deuten Löcher in der Borke auf einen Befall mit dem Birnbaum-Prachtkäfer hin

Abb. 426: Zickzackartige Fraßgänge unter der Rinde durch Birnbaum-Prachtkäfer

wobei die o. g. Löcher entstehen. Es handelt sich um bis zu 10 mm lange, schmale, metallisch glänzende Insekten.

Bei einem starken Befall kann es zu Vitalitätsmängeln und Absterbeerscheinungen in der Krone kommen (Abb. 427). Sind lediglich Äste befallen, ist zur Bekämpfung nur eine Entnahme der betroffenen Äste erforderlich. Bei einem stärkeren Befall des Stammes verbleibt normalerweise nur die Fällung des Baumes, da eine Bekämpfung der Larven im Stamm nicht mehr möglich ist. Als vorbeugende Maßnahme sollte für gute Wachstumsbedingungen gesorgt werden.

Abb. 427: Abgestorbener Weißdorn durch einen starken Befall mit dem Birnbaum-Prachtkäfer

Fäule im Stamminnern

Durch große Wunden im Bereich des Kronenansatzes (→ Kappungen, S. 311) und durch aufsteigende Fäule aus dem Wurzelstock können sich Fäulen auch im Stamm entwickeln (Abb. 428). Im Laufe der Zeit können hierdurch großräumigere Höhlungen im Stamm entstehen (Abb. 429). Da es sich bei Weißdorn jedoch um einen kleinkronigen Baum handelt, kommt es selbst bei geringen Restwandstärken selten zum Bruch. Durch eine Baumuntersuchung kann der Umfang der Fäule ermittelt werden.

Abb. 428: Fäule im Stamm eines älteren Weißdorns

Abb. 429: Baumchirurgisch ausgearbeitete Fäule im Stamm – es wurden sogar Gewindestangen eingebaut

Schadsymptome und Auffälligkeiten am Stammfuß und an Wurzeln

Stockfäule ohne vorhandene Pilzfruchtkörper

Bei Weißdorn kommt oftmals eine Fäule im Wurzelstock und Stammfuß vor, ohne dass sich ruchtkörper zeigen (Abb. 430; → Esche, S. 134).

Als Verursacher kommt z. B. Hallimasch in Frage (→ Mehlbeere, S. 196). Bei einer umfangreichen Fäule kann auch bei diesen kleinkronigen Bäumen eine Gefährdung der Verkehrssicherheit bestehen.

Abb. 430: Fäule im Stammfuß ohne Bildung von Pilzfruchtkörpern – typisch für Weißdorn

Verwendete und weiterführende Literatur zu Schadsymptomen und Auffälligkeiten – eine Auswahl

ALFORD, D. V., 1997: Farbatlas der Schädlinge an Zierpflanzen. Ferdinand Encke Verlag, Stuttgart, 477 S.

BALDER, H.; REUTER, A.; SEMMLER, R., 2010: Handbuch zur Baumkontrolle. Patzer Verlag, Berlin, Hannover, 152 S.

BAUMGARTEN, H.; DOOBE, G.; DUJESIEFKEN, D.; JASKULA, P.; KOWOL, T.; WOHLERS, A., 2016: Kommunale Baumkontrolle zur Verkehrssicherheit. Der Leitfaden für den Baumkontrolleur auf der Basis der Hamburger Baumkontrolle. Herausgegeben vom Fachamt für Stadtgrün und Erholung, Hamburg, in Zusammenarbeit mit dem Institut für Baumpflege, Hamburg. Haymarket Media, Braunschweig, 128 S.

BENZ, G.; ZUBER, M., 1996: Die wichtigsten Forstinsekten der Schweiz und des angrenzenden Auslandes. 2. Auflage, vdf Hochschulverlag AG an der ETH Zürich, 121 S.

BREITENBACH, J.; KRÄNZLIN, F., 1986: Pilze der Schweiz. Band 2, Nichtblätterpilze. Verlag Mykologia, Luzern, 416 S.

BUTIN, H., 2019: Krankheiten der Wald- und Parkbäume. Diagnose, Biologie, Bekämpfung. 2., aktualisierte Auflage, Eugen Ulmer Verlag, Stuttgart, 303 S.

BUTIN, H.; BRAND, T., 2017: Farbatlas Gehölzkrankheiten. Ziersträucher, Allee- und Parkbäume. 5., erweiterte Auflage, Eugen Ulmer Verlag, Stuttgart, 288 S.

DUJESIEFKEN, D.; LIESE, W., 2022: Das CODIT-Prinzip – Baumbiologie und Baumpflege. Haymarket Media, Braunschweig, 224 S.

DUJESIEFKEN, D.; GAISER, O.; JASKULA, P.; KOWOL, T; STOBBE, H., 2016: Das Rosskastanien-Sterben – ausgelöst durch *Pseudomonas syringae* pv. *aesculi*. In: DUJESIEFKEN, D. (Hrsg.), Jahrbuch der Baumpflege 2016, Haymarket Media, Braunschweig, 99–107.

EBNER, S.; SCHERER, A, 2016: Die wichtigsten Forstschädlinge. 5., ergänzte Auflage, Leopold Stocker Verlag, Graz, 199 S.

FLL-Baumkontrollrichtlinien, 2020: Richtlinien für Baumkontrollen zur Überprüfung der Verkehrssicherheit. Forschungsgesellschaft Landschaftsentwicklung Landschaftsbau (FLL), Bonn, 54 S.

FLL-Baumuntersuchungsrichtlinien, 2013: Richtlinien für eingehende Untersuchungen zur Überprüfung der Verkehrssicherheit von Bäumen. Forschungsgesellschaft Landschaftsentwicklung Landschaftsbau (FLL), Bonn, 42 S.

Hartmann, G.; Butin, H., 2017: Farbatlas Waldschäden. 4., aktualisierte Auflage, Eugen Ulmer Verlag, Stuttgart, 272 S.

Institut für Baumpflege (Hrsg.); Stobbe, H.; Kowol, T.; Jaskula, P.; Wilstermann, D.; Düsterdiek, S.; Wilm, P.; Vogel, T.; Baumgarten, H.; Doobe, G.; Lichtenauer, A.; Dujesiefken, D. (Autoren), 2022: Verkehrssicherheit und Baumpflege. Der Praxisleitfaden zu den FLL-Baumkontrollrichtlinien. Haymarket Media, Braunschweig, 200 S.

Jahn, H, 2005: Pilze an Bäumen. 3., völlig überarbeitete und erweiterte Auflage, Patzer Verlag, Berlin, Hannover, 276 S.

Kehr, R., 2007: Neue Krankheiten an Platane, Linde und Ahorn. In: Dujesiefken, D. (Hrsg.): Jahrbuch der Baumpflege 2007. Haymarket Media, Braunschweig, 144–156.

Kehr, R., 2018: Eschentriebsterben – Aktuelles zur Schadensdynamik. In: Dujesiefken, D. (Hrsg.): Jahrbuch der Baumpflege 2018. Haymarket Media, Braunschweig, 192–201.

Kehr, R.; Hecht, M.; Schönemann, H., 2017: Rindenkrebs an der Hainbuche durch zwei „neue" Schadpilze – Symptomatik und Verbreitung in Deutschland. In: Dujesiefken, D. (Hrsg.): Jahrbuch der Baumpflege 2017, Haymarket Media, Braunschweig, 319–326.

Kehr, R.; Dujesiefken, D.; Stobbe, H.; Eckstein, D.; Stuffrein, J., 2014: Neuartige Komplexschäden an Buche mit Astbruchgefahr. In: Dujesiefken, D. (Hrsg.): Jahrbuch der Baumpflege 2014, Haymarket Media, Braunschweig, 121–135.

Klug, P. (Hrsg.), 2000: Arbolex – Das Fachwörterbuch für die Baumpflege. 1. Auflage, Verlag P. Klug, Steinen, 233 S. sowie www.arbolex.de

Klug, P., 2017: Praxis Baumkontrolle – Baumbeurteilung und Baumkataster. Arbus, Gammelshausen, 255 S.

Kowalski, T.; Kehr, R., 2016: Aktuelles zum Eschentriebsterben und zu Krankheiten an Buche und Berg-Ahorn. In: Dujesiefken, D. (Hrsg.): Jahrbuch der Baumpflege 2016, Haymarket Media, Braunschweig, 63–82.

LICHTENAUER, A.; KOWOL, T.; DUJESIEFKEN, D., 2022: Pilze bei der Baumkontrolle. Erkennen wichtiger Arten an Straßen- und Parkbäumen. Nachdruck der 4., durchgesehenen und aktualisierten Auflage, Haymarket Media, Braunschweig, 64 S.

LONSDALE, D., 1999: Principles of tree hazard assessment and management. Forestry Commission. The Stationary Office, London, 388 S.

MATHENY, N. P.; CLARK, J. A., 1994: A photografic Guide to the Evaluation of Hazard Trees in Urban Areas. Second Edition, International Society of Arboriculture, Savoy, Illinois, USA, 85 S.

MATTHECK, C.; BETHGE, K.; WEBER, K., 2014: Die Körpersprache der Bäume. Enzyklopädie des Visual Tree Assessment. Karlsruher Institut für Technologie, 548 S.

MATYSSEK, R.; FROMM, J.; RENNENBERG, H.; ROLOFF, A., 2010: Biologie der Bäume. Von der Zelle zur globalen Ebene. Eugen Ulmer Verlag, Stuttgart, 349 S.

NIENHAUS, F.; KIEWNICK, L., 1998: Pflanzenschutz bei Ziergehölzen. Eugen Ulmer Verlag, Stuttgart, 460 S.

PIRC, H., 2004: Bäume von A bis Z. Erkennen und Verwenden. Eugen Ulmer Verlag, Stuttgart, 279 S. plus Anhang

ROBECK, P.; HEINRICH, R.; SCHUMACHER, J.; FEINDT, R.; KEHR, R., 2008: Status der Rußrindenkrankheit des Ahorns in Deutschland. In: DUJESIEFKEN, D. (Hrsg.): Jahrbuch der Baumpflege 2008. Haymarket Media, Braunschweig, 238–245.

ROLOFF, A., 2017: Der Charakter unserer Bäume. Ihre Eigenschaften und Besonderheiten. Eugen Ulmer Verlag, Stuttgart, 252 S.

ROLOFF, A., 2013: Bäume in der Stadt. Besonderheiten, Funktion, Nutzen, Arten, Risiken. Eugen Ulmer Verlag, Stuttgart, 254 S.

SCHMIDT, O., 2006: Wood and Tree Fungi. Biology, Damage, Protection and Use. Springer, Berlin, Heidelberg, 334 S.

SCHRÖDER, T., 2004: Der Asiatische Eschenprachtkäfer (*A. planipennis*) – Eine Gefahr auch für europäische Eschen? In: DUJESIEFKEN, D.; KOCKERBECK, P. (Hrsg.): Jahrbuch der Baumpflege 2004, Thalacker Medien, Braunschweig, 222–227.

SCHÜTT, P.; SCHUCK, H. J.; STIMM, B., 2013: Lexikon der Baum- und Straucharten. Nikol Verlagsgesellschaft mbH & Co. KG, Hamburg, 582 S.

SCHWARZE, F.; ENGELS, J.; MATTHECK, C., 2011: Holzzersetzende Pilze in Bäumen. Strategien der Holzzersetzung. 2. Auflage, Rombach Verlag, Freiburg, 245 S.

TOMICZEK, C., 2014: Invasive Baumschädlinge und Krankheiten. Was steht vor der Tür? In: DUJESIEFKEN, D. (Hrsg.), Jahrbuch der Baumpflege 2014, Haymarket Media, Braunschweig, 146–153.

TOMICZEK, C.; CECH, T.; KREHAN, H.; PERNY, B., 2005: Krankheiten und Schädlinge an Bäumen im Stadtbereich. Eigenverlag Christian Tomiczek, Wien.

WARDA, H.-D., 2001: Das große Buch der Garten- und Landschaftsgehölze. 2. erweiterte Auflage. Bruns Pflanzen Export, Bad Zwischenahn, 935 S.

WEBER, K.; MATTHECK, C., 2001: Taschenbuch der Holzfäulen im Baum. Forschungszentrum Karlsruhe GmbH, 128 S.

WESSOLLY, L.; ERB, M., 2014: Handbuch der Baumstatik und Baumkontrolle. 2., völlig überarbeitete und erweiterte Auflage, Patzer Verlag, Berlin, Hannover, 288 S.

ZTV-Baumpflege, 2017: Zusätzliche Technische Vertragsbedingungen und Richtlinien für Baumpflege. 6. Ausgabe, Forschungsgesellschaft Landschaftsentwicklung Landschaftsbau (FLL), Bonn, 82 S.

Darüber hinaus empfehlen wir das Jahrbuch der Baumpflege (Haymarket Media, Braunschweig), das seit 1997 jährlich herausgegeben wird und unter anderem zahlreiche Artikel zu Baumkrankheiten, holzzerstörenden Pilzen und Schadsymptomen enthält. Im jeweiligen Gesamtregister des aktuellen Bandes sind alle Beiträge aufgeführt.